우리는 이미
플랜트 엔지니어링을
알고 있다

24시간 만지고 쓰는 물건에 담긴 공학 원리의 모든 것

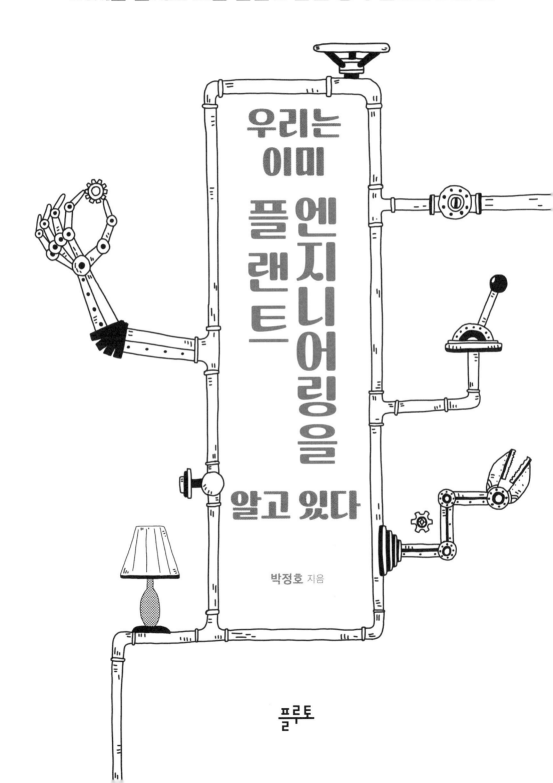

우리는 이미 플랜트 엔지니어링을 알고 있다

박정호 지음

플루토

어릴 적 조선시대 과학자 장영실의 전기를 읽고 과학에 흥미를 가지기 시작했다. 그때부터 막연하게 과학자가 되겠다는 꿈을 가지고 고등학교에서 이과를 선택했다. 이과 수업에서는 보다 심화된 수학과 과학을 공부했지만, 어릴 때만큼 큰 흥미나 재미를 느끼지 못했다. 결국 입시를 치를 때는 성적에 맞춰 취업이 잘된다는 학과로 진학하게 되었다.

그렇게 별생각 없이 화학공학과에 입학하자마자 고등학교 때와는 차원이 다른 복잡한 과목들을 마주하게 되었다. 도대체 왜 배우는지는 모른 채 전공 서적을 공부하고, 꾸역꾸역 과제를 하다 보니 어느덧 취업을 준비해야 하는 시점이 다가왔다. 우연찮게 플랜트 엔지니어링 회사에서 인턴을 하고 플랜트 엔지니어로서 첫 사회생활을 시작했다.

초보 엔지니어 시절, 좌충우돌하면서 많은 것을 배웠다. 아주 작은 계산 오류가 플랜트에 얼마나 큰 결함을 유발할 수 있는지, 발주자와 업체, 다른 부서 엔지니어 등 다양한 이해관계자들과의 소통이 얼마나 중요한지 경험 속에서 느끼고 배웠다. 그런데 플랜트 엔지니어 일을 하는 동안 깨달은 중요한 점이 하나 있다. 바로 플랜트 엔지니어링, 더 나아가 지금까지 배웠던 과학이나 공학은 사실 우리가 생활에서 쓰는 물건, 그리고 이미 경험한 것들과 비슷하다는 것이다. 플랜트 엔지니어링에 적용되는 이론이 복잡한 수식이나 설명으로 되어 있을 뿐, 개념 자체는 대부분 알고 있던 것이었다. 이런 사실을 미리 깨우쳤다면 학창 시절을 좀 더 재미있고 효율적으로 보낼 수 있었을 거라는 진한 아쉬움이 들었다.

우리는 중고등학교에서 수학과 과학을 배우면서도 그 원리에 대해서는 제대로 알지 못한 채 반복적으로 암기하고 시험을 치르고 있다. 대학에 입학해 공부할 때에도 마찬가지이다. 그저 좋은 학점을 받기 위해 벼락치기 학습을 하는 경우가 많다.

이러한 상황은 지금도 계속되고 있고, 개선하기도 쉽지 않다. 내가 어려워했던 점을 다른 사람들은 좀 더 일찍 배우고 알 수 있다면 좋겠다. 특히 플랜트 엔지니어링을 공부하고 있는 학생과 이 분야 진로를 꿈꾸는 사람들, 플랜트 엔지니어링에 조금이라도 관심 있는 사람들이 유용하게 활용할 만한 내용을 알려주고 싶다.

기존에 출간한 《나는 플랜트 엔지니어입니다》가 플랜트 엔지니어의 일과 현장을 다루었고, 《처음 읽는 플랜트 엔지니어링 이야기》가 플랜트에 대한 전반적인 개론을 다루고 있다면, 《우리는 이미 플랜트 엔지니어링을 알고 있다》는 플랜트의 핵심 장치와 장치가 통합적으로 작동할 수 있도록 하는 전체 시스템에 대해, 생활에서 찾을 수 있는 친숙한 원리를 들어 설명하는 책이다. 스물네 시간 우리가 생활에서 만지고 쓰는 물건, 경험에 담긴 다양한 공학 원리를 통해 플랜트 엔지니어링의 개념을 알아본다면 플랜트 엔지니어링을 더욱 쉽게 이해할 수 있을 것이다.

《우리는 이미 플랜트 엔지니어링을 알고 있다》는 총 3부로 구성되어 있다. 1부 '플랜트 엔지니어링의 시작과 끝, 개념 설계'에서는 플랜트 엔지니어링을 개념적으로 이해할 수 있는 내용을 다룬다. 개념 설계는 거대한 플랜트를 건설할 때 가장 처음 하는 아주 중요한 과정이다. 그림을 완성하기 전에 전체 뼈대를 잡고 스케치를 잘해야 하듯, 먼저 개념 설계를 잘해야 플랜트의 목적에 맞게 제대로 된 장치와 시스템을 구성하고 선정할 수 있다. 즉 플랜트의 건설과 운영은 개념 설계가 그 시작이자 출발점이다. 우리의 삶은 플랜트 엔지니어링과 아주 밀접한데, 어떻게 연관되어 있는지 그리고 복잡한 플랜트를 어떻게 구현할 수 있는지는 플랜트 엔지니어링의 개념 설계 과정에 잘 녹아 있다. 이 장에서는 개념 설계에 대해 쉬운 생활 속 예시와 함께 살펴본다.

2부 '개념으로 이해하는 플랜트 엔지니어링-장치'에서는 플랜트를 구성하는 각종 장치의 작동 원리와 사례, 플랜트에 적용할 때 고려할 점과 주의점을 다룬다. 가정에서 일상적으로 활용하는 냉장고, 에어컨, 가스레인지, 정수기, 공기청정기 같은 물건은 사실 플랜트에서도 핵심적으로 활용하는 장치의 원리를 기반으로 한다. 이렇게 생활 속에서 접하는 물건과 현상을 살펴보면서 플랜트 장치와 시스템이 어떤 원리로 작동하고, 플랜트 엔지니어링에서 어떻게 적용되는지 최대한 쉽게 이해할 수 있도록 구성했다.

3부 '개념으로 이해하는 플랜트 엔지니어링-시스템과 운영 관리'에서는 2부에서 알아본 플랜트의 장치를 어떻게 해야 거대한 플랜트로 구현할 수 있는지 전체 시스템 측면에서 살펴보았으며, 플랜트 설계부터 건설까지 어떻게 운영하고 관리를 해야 하는지에 대해서도 생활 속 사례를 들며 다루었다.

《우리는 이미 플랜트 엔지니어링을 알고 있다》를 읽고 플랜트 엔지니어링이 생소하고 어렵게만 느껴졌던 사람들이 재미있게 이해하고, 더 나아가 과학이나 공학 분야에 좀 더 쉽게 다가갈 수 있기를 기대한다.

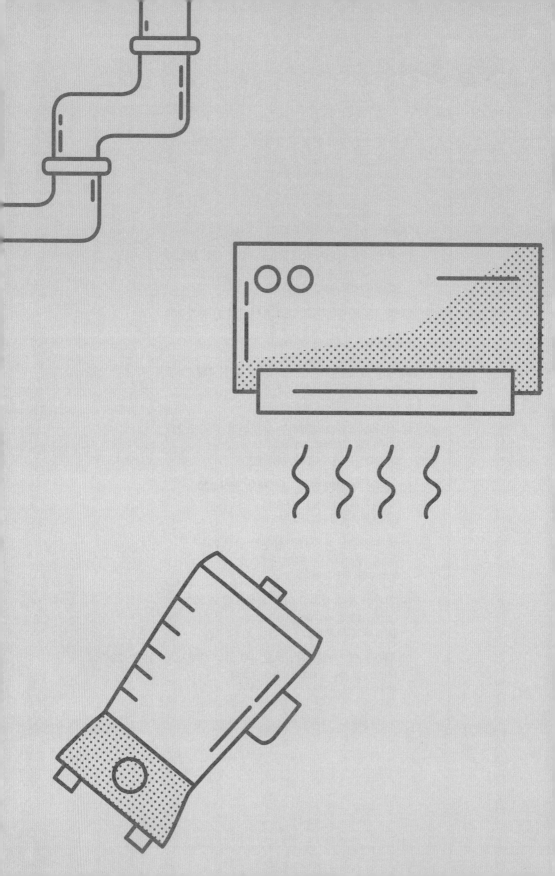

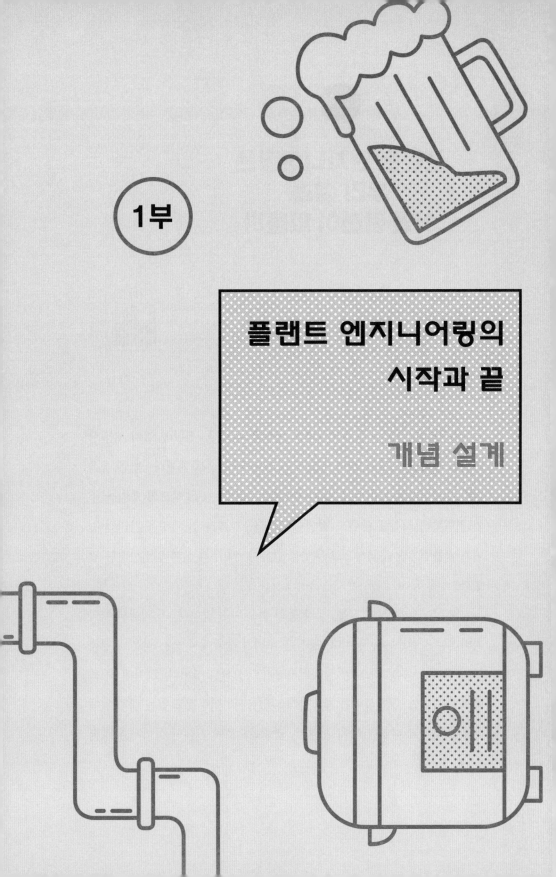

1부

플랜트 엔지니어링의
시작과 끝

개념 설계

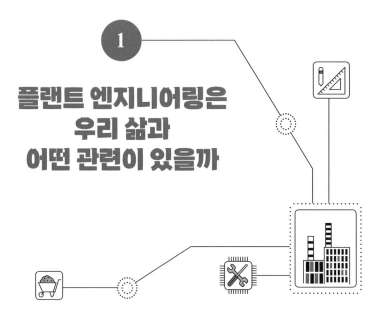

1

플랜트 엔지니어링은
우리 삶과
어떤 관련이 있을까

플랜트를 만드는 플랜트 엔지니어링은 우리 삶 전반에 걸쳐 밀접한 관련이 있지만, 많은 사람에게 낯선 분야이다. 플랜트 엔지니어링은 좁은 의미로는 설계를 가리키고, 넓은 의미로는 플랜트 프로젝트의 초기 연구와 기획부터 시작해 플랜트 건설, 최종 시운전까지 전 과정을 가리킨다. 여기서 플랜트란 구체적으로 무엇을 말하며, 왜 우리 삶과 밀접하다는 것일까?

플랜트Plant는 본래 식물, 심다 등의 뜻을 가진 말이다. 이 책에서 이야기하려는 플랜트는 공장이다. 공장은 우리가 생활에서 쓰는 작은 생필품부터 전기나 석유, 가스 같은 에너지까지 생산하는 설비다. 그런데 왜 플랜트가 거대한 공장 설비를 지칭하게 되었을까? 아무것도 없는 대지 위에 기초를 다지고 다양한 장치를 설치, 조립함으로써 거대한 설비가 완성되는 과정이 식물이 자라는 모습과 유사하다고 생각했기 때문이다. 다시 말해 플랜트란 어떠한 원료나 에너지를 활용하여 유용한 제품이나 에너지를 만들어내는 설비이다.

대표적인 플랜트 가운데 석유화학 플랜트가 있다. 석유를 여러 단계로 분리하고 정제한 후 각종 반응 과정을 거쳐 제품을 만드는 플랜트이다. 생활에서 쓰는 생수병, 옷, 가구, 장난감, 인테리어 및 바닥재, 비닐봉지 등 무수히 많은 물건이 석유화학 플랜트에서 생산되는 원료로 만들어진다. 우리는 평소 이 물건들을 별생각 없이 쓰고 있지만, 석유화학 플랜트는 사실상 우리 생활에 가장 중요한 역할을 하는 플랜트이다. 석유화학 플랜트에서 제품을 만드는 과정을 통해 플랜트를 자세히 알아보자.

옷을 만드는 주원료인 나일론도 석유화학 플랜트에서 석유를 가공한 화학물질로 만든다. 처음 채굴한 원유에는 매우 많은 물질이 한데 섞여 있다. 원유를 끓이면 다양한 물질로 분리할 수 있는데, 자동차 연료인 가솔린과 경유가 대표적이다. 이들은 연료로 직접 사용되기 때문에 대부분 이산화탄소와 물로 전환되어 대기 중에 배출된다. 원유에는 이 밖에 석유화학 산업에서 가장 중요한 원료라고 할 수 있는 나프타도 있다. 나프타는 우리 일상생활 대부분에 쓰이는 플라스틱의 원천 원료이다.

나프타는 탄소와 수소로 이루어진 물질로, 원유에 매우 많이 포함되어 있다. 휘발유, 경유, 등유와는 다르게 나프타는 나프타를 깨뜨리는 나프타 크래킹 센터Naphtha Cracking Center, NCC에서 전혀 다른, 여러 물질로 만들 수 있다. 나프타 크래킹이란 나프타에 고온의 열을 가해 분자의 긴 사슬 구조를 깨는 작업이다. 우리나라에서는 여천NCC, LG화학 등이 NCC

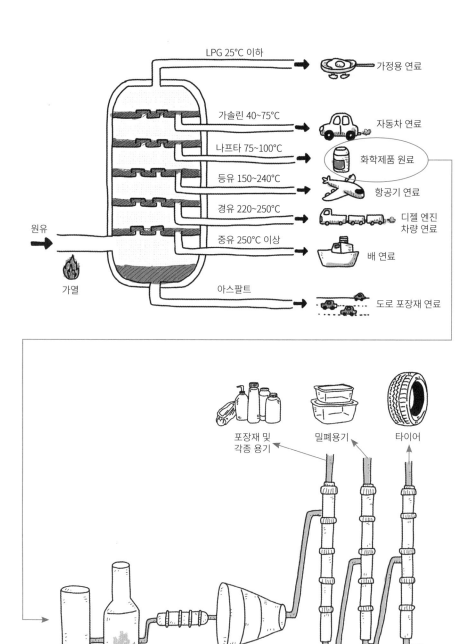

그림1 원유 증류, 나프타 크래킹 과정과 원유를 정제해 만든 제품들

기능을 할 수 있는 석유화학 플랜트를 보유하고 있다. 이렇게 NCC를 거쳐 만든 에틸렌, 프로필렌 같은 물질이 플라스틱의 원료가 된다. 그런데 에틸렌과 프로필렌 자체는 유연성이나 강도가 부족해서 여러 물질을 섞어서 폴리에틸렌 테레프탈레이트PET 같은 기능성 플라스틱으로 만든다. 기능성 플라스틱은 형체를 만드는 각종 성형 과정을 통해 생수병이나 다양한 플라스틱 제품의 원료가 된다.

해저나 육지 깊숙이 묻혀 있던 석유 기반 물질은 석유화학 플랜트에서 인류에게 유용한 물질로 재탄생하고, 또 다른 종류의 플랜트를 거쳐 갖가지 물건으로 만들어진다. 더 나아가 우리가 생활에서 쓰는 대부분의 물건이 결국 플랜트로부터 만들어진다.

우리는 이미
플랜트 엔지니어링을
알고 있다

플랜트에 대한 설명만 보면 플랜트의 구조와 플랜트에서 이루어지는 공정이 상당히 단순해 보인다. 그러나 플랜트의 구조와 공정을 자세히 들여다보면 전공자라도 이해하기 쉽지 않다. 다양한 장치를 만들고 조립해서 짓는 플랜트는 수십에서 수백 명의 사람이 밑그림을 그리는 설계 작업에만 수개월에서 수년이 걸린다.

그렇다고 해서 플랜트를 너무 어렵게만 생각할 필요는 없다. 플랜트는 일상생활에서 흔히 접할 수 있는 자연현상, 다시 말해 과학이나 공학 원리가 그 근간을 이룬다. 플랜트에서 볼 수 있는 자연현상은 뉴턴의 법칙이나 베르누이 방정식처럼 수학 공식으로 표현되며, 이러한 공식을 기반으로 플랜트를 설계해야 플랜트의 장치들이 제 기능을 할 수 있다. 이러한 장치들이 서로 잘 조합되어 각자의 기능과 역할을 해낼 때 원래 목적의 플랜트로 탄생할 수 있다.

　플랜트 엔지니어링에서 가장 중요한 단계는 개념 설계이다. 개념 설계란 플랜트의 기본적인 개념을 설계하는 단계로, 간단히 말하자면 플랜트에 들어가는 것과 나오는 것을 정한 다음, 나오는 것이 원하는 대로 나올 수 있도록 필요한 장치를 조합해 시스템을 도출해내는 것이다. 개념 설계를 바탕으로 앞으로 이 프로젝트를 진행할 수 있는지, 시장 가능성 등은 어떠한지 등을 검토하고 다음 설계 과정을 진행할 수 있기 때문에 매우 중요한 과정이다.

　그렇다면 플랜트는 어떤 장치로 이루어져 있을까? 플랜트의 장치는 우리 생활에서 쉽게 접할 수 있는 제품과 비슷한 점이 많다. 특히 전기나 열로 작동하는 냉장고, 에어컨, 가스레인지, 보일러, 세탁기, 정수기 등과 작동 원리가 흡사하다. 우리는 이미 이러한 제품이 어떠한 기능을 하는지 알고 있다. 여기에 제품의 작동 원리까지 알면 플랜트 엔지니어링의 개념 설계가 더 잘 이해될 것이다.

　개념 설계를 할 때는 반드시 경제성과 안전성을 고려해야 한다. 제품을 만들어 판매한다는 것은 이익 사업을 하는 것이므로 최소의 비용으로 최대의 이익을 낼 수 있는 플랜트를 설계해야 한다. 그렇다고 해서 이익만 생각할 수도 없다. 플랜트를 운영하다가 화재나 폭발 같은 대형사고가 발생하면, 금전적인 손실은 물론이고 인명 사고가 날 수 있고 주변 환경에도 엄청난 재앙을 불러올 수 있다. 개념 설계에서 안전성은 필수 조건이자 반드시 지켜야 하는 최소 조건이며, 안정성을 지키면서 최대한 경제성을 높여야 한다. 무엇보다 경제성과 안정성을 고려해 플랜트의 개념 설계를 잘

해야만 그다음 플랜트에서 사용할 장치의 크기와 개수를 세세하게 정하
고, 이를 구매해 조립하고 건설함으로써 원하는 목적에 맞는 플랜트를 건
설할 수 있다.

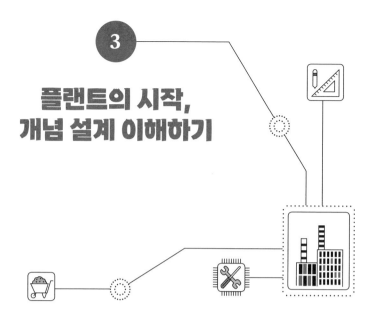

3
플랜트의 시작,
개념 설계 이해하기

앞서 플랜트 엔지니어링에서 시작 단계이자 가장 중요한 단계는 개념 설계라고 했다. 그럼 개념 설계는 어떻게 하며, 개념 설계를 한 뒤에는 어떤 과정을 거쳐 플랜트가 건설되는 것일까?

우리에게 유용한 제품이나 에너지를 생산하는 플랜트, 플랜트를 건설해 제품이나 에너지를 생산하겠다고 결정하려면 가장 먼저 타당성 조사를 해야 한다. 개념 설계도 타당성 조사를 통과해야 시작할 수 있다. 타당성 조사란 해당 플랜트를 건설해 운영할 때 회사가 이윤을 창출할 수 있을지 면밀하게 검토하는 것이다. 타당성 조사에서는 플랜트에 어떤 원료가 얼마만큼 투입되어 원하는 제품이나 에너지를 어느 정도 생산할 수 있을지, 특정 지역에 플랜트를 지을 때 환경적으로나 법적으로 문제가 없을지, 플랜트를 운영할 인원을 확보할 수 있을지 등을 파악한다. 동시에 경제성을

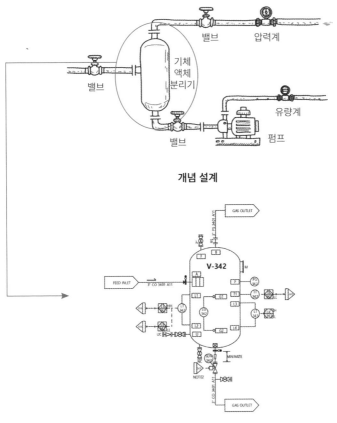

개념 설계

상세 설계

건설

그림2 개념 설계와 상세 설계를 거쳐 건설한 플랜트

분석해 회사가 얼마의 이윤을 남길 수 있을지 파악한다. 초기 타당성 조사 단계에서는 보통 이미 있는 유사한 플랜트를 참고해 건설과 운영에 들어가는 비용을 추산한다.

플랜트 건설과 운영으로 회사가 이윤을 창출할 수 있다는 결론이 나와야 비로소 플랜트의 개념 설계를 시작할 수 있다. 개념 설계 단계에서는 어떠한 장치와 시스템을 활용해 플랜트의 목적을 달성할지 고민하고 결정한다. 타당성 조사 단계에서 기존의 유사한 플랜트를 참고해 이윤 창출 여부를 확인했다면, 개념 설계 단계부터는 이 프로젝트 고유의 시스템을 구성한다. 기존 유사 플랜트의 기본 구성을 참고하되 해당 프로젝트에 맞는 독자적인 플랜트 시스템을 그려보는 것이다. 쌍둥이라고 해도 성격과 특징이 다르듯이 같은 목적을 위해 지은 플랜트라도 각자 고유의 특성이 있다.

플랜트는 지역, 기후, 원료 등의 특성을 기반으로 설계하고 건설하므로 이러한 조건과 환경에 맞춘 최적의 시스템이 필요하다. 특정 목적의 플랜트가 한 나라에서 큰 이윤을 창출한다고 해서 다른 나라에서도 같은 이윤을 낸다고 단정할 수 없다. 플랜트를 건설할 나라의 법규, 기후, 시장 상황, 인원 수급과 원료 수급 상황 등은 천차만별이다. 이에 맞추어 플랜트를 설계하고 건설해야만 한다.

개념 설계 단계에서는 구체적으로 다음 사항을 고려해야 한다. 플랜트에서 실제 활용되는 장치는 무엇인지, 각 장치들은 서로 어떤 연관성이 있는지, 그리고 목표한 제품이나 에너지를 생산하려면 얼마만큼의 에너지와 원료가 필요한지를 중점적으로 검토한 뒤 결과를 도출한다. 이 과정에서 플랜트 장치와 시스템 구성에 필요한 자본비용, 플랜트에서 사용할 원료의 양과 유틸리티(전기, 물, 공기 등) 같은 운전비를 산출할 수 있다. 개념 설계 단계에서는 전 단계인 타당성 조사보다 좀 더 구체적이고 정확도가 높은 비용이 나온다. 따라서 대략적인 플랜트 투자 금액을 산출할 수 있고, 타당성 조사 단계 때보다 확실하게 플랜트 건설 여부를 결정할 수 있다.

개념 설계를 마친 다음에는 기본 설계를 수행한다. 기본 설계는 FEED Front End Engineering Design라고도 하며, 플랜트를 짓고 싶은 발주자가 플랜트 건설사에 요청하기 전에 수행하는 설계 단계이기도 하다. 기본 설계에서는 실질적인 플랜트 건설 프로젝트를 수행하기 위해 개념 설계보다 더욱 상세한 비용을 산출한다. 장치와 장치 사이를 연결하는 배관, 배관에 설치되어 있는 각종 밸브와 계기 등 아주 세세한 항목까지 넣어 설계한다. 기본 설계 단계까지 마치면 보다 구체적이고 신뢰도 높은 비용이 산출된다.

그다음에는 기본 설계에서 산출한 비용을 토대로 전 세계 플랜트 건설사에 입찰 초청장을 보낸다. 초청장을 받은 전 세계 플랜트 건설사는 각자 자신만의 노하우와 경험을 기반으로 플랜트를 상세하게 설계하고 건설하는 데 얼마가 들지 추산한다. 발주자는 기본 설계를 통해 대략적인 비용은 알고 있지만, 플랜트 건설사가 획기적인 기술이나 공법을 활용해 비용을 크게 낮출 수 있다고 제안할 수도 있다. 이렇게 제안한 건설사가 플랜트 공사를 수주할 가능성이 높아진다. 앞으로 플랜트를 수십 년간 운영한다고 할 때, 똑같은 제품이나 에너지를 생산한다고 해도 다른 플랜트보다 적은 건설 비용, 적은 에너지 소모량으로 높은 생산 효율을 낼 수 있어야 더욱 많은 이윤을 창출할 수 있다. 그러므로 보장된 기술력은 물론이고 가격 경쟁력까지 갖춘 건설사가 최종적으로 발주자의 선택을 받는다.

플랜트 건설사가 선정되면 본격적으로 상세 설계가 시작된다. 상세 설계란 개념 설계와 기본 설계를 토대로 실제 플랜트를 건설하기 위한 설계 단계이다. 개념 설계와 기본 설계에서 정해진 기본 원리나 개념은 크게 바꾸지 않으면서 실제 시스템을 구축하는 데 필요한 내용을 결정한다. 실제 플랜트에 들어가는 단위 장치, 배관, 부품 하나하나의 크기, 두께 등 세부 사항을 모두 결정하고 이를 구매해 건설할 준비를 한다. 상세 설계 단계를 거쳐야만 플랜트에 필요한 구성품을 구매할 수 있으며, 구매한 구성품이 입고되면 이들을 조립해 플랜트를 완성한다.

플랜트가 완성된 뒤에는 해당 구성품을 테스트해 정상적으로 작동되는지 확인한다. 이 과정을 모두 거치고 나면 플랜트에서 발주자가 원하는 제품이나 에너지 생산을 시작할 수 있다.

지금까지 플랜트를 건설할 때 어떠한 설계 단계를 거치는지 대략 살펴보았다. 이제 가장 중요한 단계라고 할 수 있는 개념 설계로 다시 돌아와 보자. 개념 설계는 플랜트의 개념, 쉽게 말해 큰 그림을 그리는 단계다. 나무 그림을 그릴 때 보통 나무의 큰 줄기부터 그린 다음 가지를 그리고 더 작은 가지와 잎, 열매 순으로 그린다. 개념 설계는 나무의 큰 줄기를 그리는 과정이다. 줄기를 어떻게 그리느냐에 따라 나무 전체의 모습이 결정되는 것처럼 처음에 플랜트의 개념 설계를 잘 해야만 플랜트를 제대로 설계하고 건설할 수 있다.

개념 설계를 하는 과정을 보다 구체적으로 들여다보자.

개념 설계는 플랜트가 어떠한 장치로 구성되어 있고, 이들이 어떻게 연결되어 동작하는지를 나타내는 도면인 공정흐름도Process Flow Diagram, PFD 를 작성하는 것에서 시작된다. 플랜트에 들어간 물질은 장치를 정해진 대로 통과하면서 온도가 높아지기도 하고, 기체와 액체가 분리되기도 하고, 때로 화학반응을 통해 전혀 새로운 물질이 되기도 하면서 궁극적으로 원하는 제품이 된다. 플랜트에 들어간 물질은 에너지가 될 수도 있다. 예를 들어 화력발전소에서 전기를 생산할 때는 물을 가열해 매우 압력이 높은 증기 상태로 만들고, 이 증기를 활용해 터빈 장치를 돌리면 전기에너지가 생산된다(풍력발전기는 증기 대신 바람이 터빈을 돌려서 전기를 생산한다). 공정흐름도는 이렇게 물질이 순서대로 어떠한 장치와 과정을 거치는지를 표현함으로써 플랜트의 전체 구성을 보여준다.

열 및 물질 수지Heat and mass balance 데이터는 개념 설계에서 공정흐름도와 함께 참고해야 할 중요한 정보다. 플랜트의 장치에 원료 물질을 넣으면 각종 장치를 통과하면서 온도, 압력, 유량 등이 변화하고 최종 제품으로 탄생한다. 장치와 장치 사이는 배관이라는 파이프로 연결되어 있고, 이를 통해 물질이 흐른다. 어떤 물질이나 유체(공기나 물처럼 흐를 수 있는 액체 또는 기체)가 흐르는지 알아야 배관 상태와 조건을 알 수 있고, 그에 따라 맞는 장치를 설계하고 설치할 수 있다. 배관 내 상태와 조건 데이터를 숫자로 표현한 것이 열 및 물질 수지이다. 해당 데이터를 활용하면 어떤 장치가 어느 정도의 온도와 압력에 견딜 수 있어야 하는지, 어느 정도의 양을 감당하고 처리할 수 있는지 계산할 수 있다. 장치의 두께와 크기, 강도 등을 정할 수 있는 중요한 정보로, 이를 통해 전체 플랜트의 규모를 결정한다.

이와 같이 공정흐름도와 열 및 물질 수지 데이터로 플랜트에 필요한 장치의 종류와 장치에 대한 정보를 알 수 있다. 다음에는 이를 토대로 배치도Plot plan를 작성한다. 플랜트 설비의 배치를 뜻하는 배치도는 플랜트가 완성된 모습을 전체적으로 보여주는 도면으로, 개념 설계의 성과물 중 하나이다. 또한 공정흐름도와 열 및 물질 수지 데이터는 장치가 어떻게 설계되어야 하는지도 알 수 있도록 해준다. 이때 장치의 규정이나 설계 기준을 일목요연하게 표로 나타낸 데이터시트도 만들 수 있다. 데이터시트는 향후 상세 설계 과정에서 좀 더 자세한 정보가 기재되며, 각 장치를 만드는 업체에 보낼 때 장치를 만들기 위한 기본 자료로 활용된다.

앞서 살펴본 개념 설계 도면과 데이터들은 플랜트 엔지니어링 초기에 작성되는 매우 중요한 자료이다. 이를 토대로 플랜트 설계와 장비 제작, 플랜트 건설까지 이루어지기 때문이다. 개념 설계는 어떻게 플랜트를 구성할지부터 시작하기 때문에 플랜트의 개념과 원리를 잘 이해해야 한다. 여기에 더해 개념 설계를 수행할 때는 상상력도 중요하다. 처음 잡은 뼈대가 나중에 어떻게 실제 플랜트로 구현될지 계속 상상해야만 성공적으로 건설할 수 있다.

이렇게 보면 플랜트 엔지니어링에서 개념 설계는 아주 어려운 작업인 것 같다. 하지만 플랜트에 적용되는 개념과 원리는 우리 생활에서도 쉽게 찾아보고 경험할 수 있는 것이 많다. 이제 좀 더 구체적인 예시를 통해 개념 설계를 이해해보자.

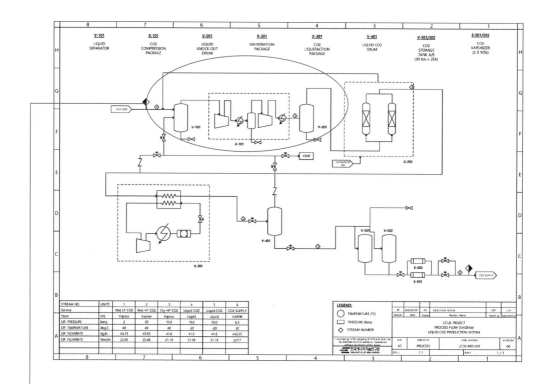

STREAM NO.	UNITS	1	2	3	4	5	6
Service		Wet LP CO2	Wet HP CO2	Dry HP CO2	Liquid CO2	Liquid CO2	CO2 SUPPLY
State	V/L	Vapour	Vapour	Vapour	Liquid	Liquid	VAPOR
OP. PRESSURE	barg	2	20	19.5	19.0	19.0	6.5
OP. TEMPERATURE	deg.C	40	40	40	-20	-20	30
OP. FLOWRATE	Kg/h	44.23	43.93	41.6	41.6	41.6	446.25
OP. FLOWRATE	Nm3/h	22.85	22.48	21.18	21.18	21.18	227.7

LEGEND:

○ TEMPERATURE (°C)

▢ PRESSURE (Bara)

◇ STREAM NUMBER

CCUS PROJECT
PROCESS FLOW DIAGRAM
LIQUID CO2 PRODUCTION SYSTEM

SIZE	DISCIPLINE	DWG NUMBER	REVISION
A3	PROCESS	LCO2-PFD-001	00
SCALE	1:1	SHEET	1 / 1

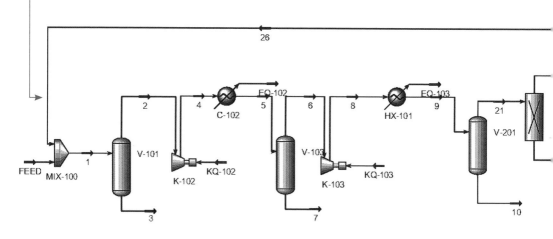

공정흐름도

Material Streams		FEED	1	2	3	4	5	6	8	9
Vapour Fraction		0.9903	0.9903	1.0000	0.0000	1.0000	0.9962	1.0000	1.0000	0.9939
Temperature	C	30.00	30.00	30.00	30.00	112.4	40.00	40.00	143.2	40.00
Pressure	bar_g	2.000	2.000	2.000	2.000	7.000	6.500	6.500	20.50	20.00
Std Gas Flow	Nm3/h	22.85	22.85	22.63	0.2225	22.63	22.63	22.54	22.54	22.54
Molar Flow	kgmole/h	1.020	1.020	1.010	9.929e-003	1.010	1.010	1.006	1.006	1.006
Mass Flow	kg/h	44.23	44.23	44.05	0.1792	44.05	44.05	43.98	43.98	43.98
Liquid Volume Flow	m3/h	5.350e-002	5.350e-002	5.332e-002	1.797e-004	5.332e-002	5.332e-002	5.325e-002	5.325e-002	5.325e-002
Heat Flow	kJ/h	-3.981e+005	-3.981e+005	-3.953e+005	-2839	-3.921e+005	-3.952e+005	-3.941e+005	-3.902e+005	-3.950e+005
		10	7	21	22	23	24	25	26	Liquid CO2
Vapour Fraction		0.0000	0.0000	1.0000	1.0000	0.9698	0.0000	0.0000	1.0000	0.0030
Temperature	C	40.00	40.00	40.00	40.00	40.00	-20.00	-20.00	-20.00	-20.40
Pressure	bar_g	20.00	20.00	20.00	19.50	0.2646	19.00	19.00	19.00	18.00
Std Gas Flow	Nm3/h	0.1382	8.553e-002	22.40	21.18	1.220	21.18	21.18	0.0000	21.18
Molar Flow	kgmole/h	6.165e-003	3.816e-003	0.9996	0.9451	5.445e-002	0.9451	0.9451	0.0000	0.9451
Mass Flow	kg/h	0.1122	6.900e-002	43.87	41.60	2.274	41.60	41.60	0.0000	41.60
Liquid Volume Flow	m3/h	1.128e-004	6.922e-005	5.314e-002	5.040e-002	2.738e-003	5.040e-002	5.040e-002	0.0000	5.040e-002
Heat Flow	kJ/h	-1762	-1089	-3.932e+005	-3.724e+005	-2.077e+004	-3.870e+005	-3.870e+005	-0.0000	-3.870e+005

열 및 물질 수지 데이터

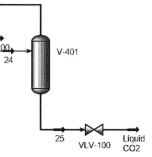

그림3 공정흐름도와 열 및 물질 수지 데이터

플랜트의 개념 설계 따라 하기

대표적인 플라스틱 중 하나인 폴리에틸렌HDPE 생산 공정의 개념 설계를 해보자. 폴리에틸렌은 나프타 크래킹을 한 뒤 나오는 에틸렌이 원료다.

자연에서도 뿜어나오는 에틸렌은 일종의 식물 호르몬으로 작용해 과일이나 채소의 숙성을 돕는다. 특히 에틸렌을 많이 뿜어내는 사과를 다른 과일과 함께 두면 다른 과일이 너무 빨리 숙성되기도 한다. 그래서 에틸렌을 활용하여 익지 않은 과일을 좀 더 빠르게 숙성시키기도 한다. 에틸렌이 다량 있을 경우 화재나 폭발 위험성도 있으나 사과에서 나오는 에틸렌은 그 양이 미미하여 밀폐된 공간에 많은 양을 저장하지 않는 한 큰 문제는 없다.

에틸렌은 상당히 반응성이 좋아 다른 물질과 결합하는 능력이 뛰어나다. 그래서 에틸렌은 플라스틱의 중요한 원료로 널리 활용되며, 생수통의 원료가 되는 폴리에틸렌뿐만 아니라 플라스틱 파이프의 원료가 되는 PVC, 에탄올과 부동액의 원료인 에틸렌글리콜까지 다양한 석유화학 물질을 만들어낼 수 있다.

앞서 말했듯이 개념 설계는 공정흐름도를 구성하는 것에서부터 시작한다. 폴리에틸렌 공정은 종류가 다양하고 활용되는 장치도 각각 다르다. 여기서는 고밀도 폴리에틸렌을 생산하는 공정에 개념 설계가 어떻게 적용되어 있는지 간단하게 설명하겠다. 우선 주원료인 에틸렌이 반응기Reactor라는 장치로 유입된다. 에틸렌을 원활하게 반응시키기 위해 이소부탄isobutane 같은 희석제와 반응을 촉진시키는 촉매 등이 함께 투입된다. 이소부탄은 부탄가스 통 안에 들어 있는 물질 중 하나이다(부탄도 화학 구조에 따라 여러 종류가 있지만, 기본적으로 탄소 네 개와 수소로 이루어져 있는 탄화수소이다). 반응기 안에서 약 섭씨 90도 정도의 온도와 높은 압력을 받아 이러한 물질들이 혼합되면 단일 에틸렌 물질끼리 서로 달라붙는 반응이 일어나 폴리에틸렌으로 탄생한다. 에틸렌이 반응기를 통과하면 고체 형태의 폴리에틸렌, 희석제와 촉매 그리고 미처 반응되지 못한 에틸렌이 섞여 나온다.

이렇게 섞여 나온 물질은 따로 분리해야 한다. 1차로는 기체와 고체로 분리해주는 장치인 증발 챔버Flash chamber를 활용해 폴리에틸렌 고체와 그 외 물질을 서로 분리한다. 이때 나오는 에틸렌과 이소부탄 등의 가스는 증발 챔버 위로 배출된다. 참고로 반응기에서 이소부탄이 액체 형태였다면, 증발 챔버에서는 압력이 낮아져 기체가 된다. 마치 부탄가스 통에 있던 액체가 대기로 배출되면 가스가 되는 것과 같다. 이렇게 위아래로 분리된 물질은 각각의 과정을 거친다.

우선 가스는 경제적·환경적 측면에서 재활용이 중요하므로 재활용하기 위한 일련의 과정을 거친다. 에틸렌, 이소부탄을 일정 압력으로 높이는 압축기Compressor에 통과시킨다. 압축기는 일상에서 에어컨이나 냉장고의 냉매압축기, 산에 가면 흔히 볼 수 있는 옷과 신발의 먼지를 털어내는 공기압축기 등에 활용된다. 일반적으로 기체의 압력을 약간만 올려서 잘 흐르게 하려면 선풍기 같은 팬을 활용한다. 좀 더 높은 압력이 필요할 때는 내부에 더욱 견고하게 만들어진 팬 형태의 임펠러Impeller나 피스톤, 이를 강철로 밀봉한 압축기를 활용한다. 참고로 임펠러란 펌프나 압축기의 회전하는 날개를 가리키며, 유체의 압력과 속도를 증가시킨다. 모두가 알고 있는 팬도 회전하는 날개이지만 압력을 크게 높이지는 못하고 유체의 흐름을 원활하게 하는 데 그친다. 화장실 환풍기나 선풍기에 들어 있는 걸 많이 봤을 것이다. 유사한 장치로 블레이드가 있는데, 블레이드는 보통 풍력발전기에서 회전하는 날개를 가리킨다.

가스를 압축하면 압력이 올라가는 동시에 온도도 올라간다. 자전거 타이어에 공기를 넣을 때 공기 호스를 만져보면 뜨거운 것에서 알 수 있다. 뜨거워진 가스는 냉각기Chiller에 통과시켜 상온으로 낮춘다. 이때 압력이 높은 상태에서 온도가 낮아지면서 일부 가스는 액체가 된다. 밀봉된 탄산수 통의 이산화탄소는 물속에 녹아 있지만, 뚜껑을 여는 순간 기체가 되어 날아가는 것을 상상하면 된다. 딱 반대의 상황이다. 액체가 된 이소부탄, 미처 반응되지 못하고 여전히 기체 상태인 에틸렌은 다시 반응기로 유입되어 재활용된다.

그렇다면 증발 챔버에서 아래로 배출되는 폴리에틸렌은 어떨까. 반응

직후의 폴리에틸렌은 여전히 에틸렌, 이소부탄, 수분 등이 들어 있어 순도가 낮으므로 완성품이 될 수 없다. 따라서 순도를 높이려면 이전 기체에 적용했던 것처럼 분리 과정을 거쳐야 한다. 분리 방법에는 여러 가지가 있다. 혼합물을 탱크에 투입해 기체는 위로, 액체는 아래로 분리하는 기액 분리 장치, 기액 분리 장치와 비슷한 탱크 모양이지만 기체와 고체를 분리하는 기고 분리 장치, 끓는점 차이를 이용해 물질을 분리하는 증류 장치, 세탁기처럼 원심력을 활용해 물질을 분리하는 원심분리 장치, 공기청정기처럼 필터를 통과시켜 공기 중의 고체를 분리하는 필터 장치, 질소 같은 가스를 넣어 확실하게 가스와 고체를 분리하는 퍼징Purging 장치 등 여러 종류의 장치를 이용해 분리할 수 있다.

폴리에틸렌 공정에서 실시하는 분리는 이 같은 장치의 대부분을 활용

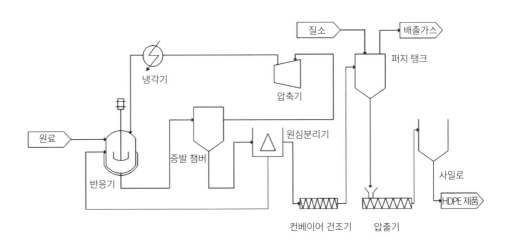

그림4 폴리에틸렌 생산 공정

한다. 아래로 배출되는 폴리에틸렌은 우선 원심분리 장치에 넣어 불순물을 제거한다. 세탁기가 강하게 원통을 돌리면서 생기는 원심력을 이용해 빨랫감의 물을 짜는 탈수 과정과 같다. 그다음 컨베이어 건조기에서 미처 빠지지 않은 가스를 배출하고 남은 수분을 건조한다. 오븐에서 빵을 굽듯이 일정한 온도의 열을 가해 고체에 든 가스를 빼는 것이다. 그리고 바람을 불어넣어 기체를 날려버리듯이 퍼지 탱크에서 질소를 불어넣어 좀 더 확실히 가스를 빼낸다.

마지막으로 덩어리 상태의 폴리에틸렌을 압출기에 넣어 같은 크기의 여러 개로 압출하여 빼낸다. 이렇게 해서 쌀알 모양 때문에 '산업의 쌀'이라고도 불리는 폴리에틸렌이 탄생한다. 쌀알 모양의 폴리에틸렌은 플라스틱 장난감이나 생수통 등을 만드는 가공업체에서 열을 가해 녹인 뒤 원하는 제품으로 생산한다.

지금까지 폴리에틸렌 생산 공정을 통해 개념 설계가 각 공정에 어떻게 적용되는지 살펴보았다. 플랜트 장치에서 활용되는 압축, 가열, 냉각, 건조 등의 원리는 일상에서도 폭넓게 활용된다. 매우 복잡해 보이는 플랜트 시스템도 결국 우리 생활에서 친근하게 접하는 제품이나 공학 원리의 개념을 기반으로 설계되고 작동된다.

이러한 공정들은 원천기술 연구에서 시작해 규모를 키워가며 다양한 시행착오를 거쳐 개발되었다. 어떻게 하면 적은 비용으로 많은 폴리에틸렌을 생산하는 동시에 환경 문제를 최소화할지 고민하는 과정을 거쳤다. 지금도 많은 과학자와 공학자가 최적의 공정이 탄생할 수 있도록 노력하고 있고, 개발된 공정은 지속적으로 경제성과 안정성을 좀 더 높이는 방향으로 개선되고 있다. 그러나 개별 공정이 아닌 전체 규모의 일반적인 플랜트 엔지니어링은 이미 개발된 공정을 토대로 대형 플랜트를 설계하고 건설한다. 따라서 플랜트의 장치와 시스템, 이들의 관계 등을 잘 이해한다면 플랜트 엔지니어링을 성공적으로 마무리할 수 있다.

이처럼 플랜트 엔지니어링은 개념적으로는 우리가 이미 알고 있거나 경험해본 법칙이나 이론을 바탕으로 진행된다. 그런데 대학교에서는 이러한 사실을 알려주는 대신 복잡한 수식이나 이론을 위주로 가르치다 보니 배우기 시작하는 순간부터 겁먹을 수밖에 없으며, 대학교를 졸업해도 자신이 배웠던 과목이 어디에 활용되는지 모르는 경우가 많다. 우리나라가 플랜트를 정교하게 만들어내는 상세 설계 능력은 뛰어나지만, 개념 설계에는 취약한 이유 가운데 하나다.

아직까지는 플랜트 엔지니어링이란 무엇인지, 개념 설계가 무엇인지 잘 와닿지 않을 수도 있다. 하지만 걱정할 것은 없다. 책을 다 읽은 뒤 이 장을 다시 읽는다면 플랜트의 개념 설계가 어떻게 이루어지는지 좀 더 명확하게 이해할 수 있을 것이다.

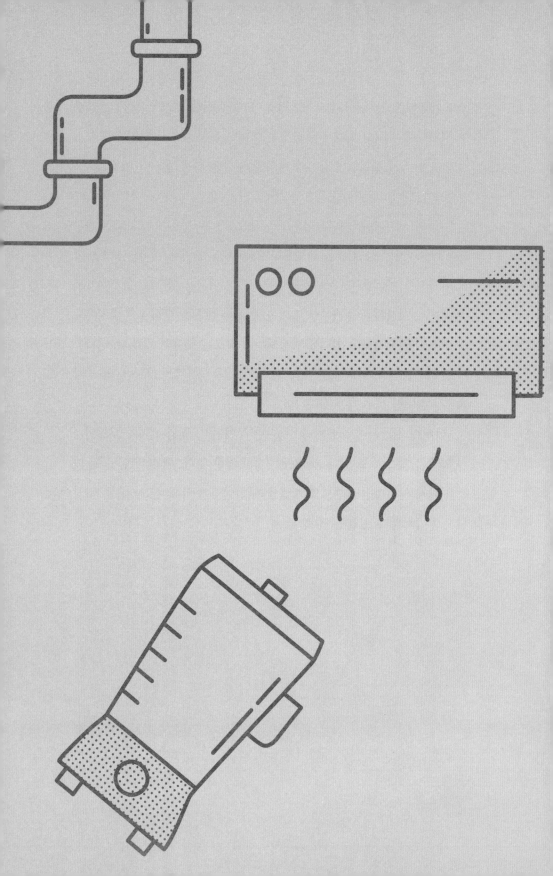

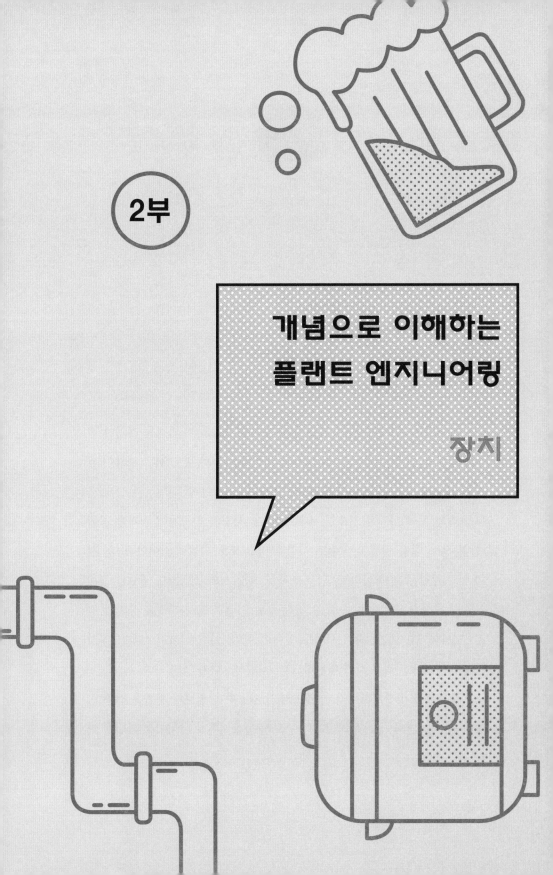

2부

개념으로 이해하는
플랜트 엔지니어링

장치

하나의 플랜트를 건설하려면 무에서 유를 창조하는 과정을 거쳐야 한다. 마치 텅 빈 땅 위에 하나의 도시를 건설하는 것과 비슷하다. 사람이 거주하고 풍요로운 삶을 살기 위해서는 수많은 시설이 필요하다. 우선 집을 지으려면 땅을 다지고 기초를 세워야 한다. 사람과 건물들에 전기를 공급할 발전소, 물을 공급할 상수도 시설 그리고 도로 시설도 있어야 한다. 사람이 거주할 주택과 아파트, 업무용 건물, 경찰서와 소방서도 필요할 것이다. 더 나아가 관광객이 즐길 수 있는 오락 시설과 도시 환경을 유지할 하수도 시설, 대기오염 방지 시설도 있어야 한다. 이처럼 어떤 시설을 짓고 활용하는지에 따라 도시가 발전하느냐, 쇠퇴하느냐가 달려 있다.

플랜트도 마찬가지이다. 플랜트에서 활용하는 원료나 물질은 각종 장치를 통과하면서 서로 분리되거나 온도가 높아지거나 낮아지는 과정을 거치기도 하고, 유량이나 압력이 변하거나 하면서 전혀 다른 물질로 바뀌기도 한다. 따라서 플랜트 장치의 개념과 원리를 잘 파악하고 있어야만 꼭 필요한 곳에 알맞은 장치를 선택할 수 있다. 여기서 지나치면 안 되는 것이 경제성이다. 수많은 장치 가운데 무엇을 활용해야 최소의 비용으로 최대의 효과를 내고 이윤을 창출할 수 있는지를 중점으로 설계한다. 동일한 기능을 하는 장치라도 상황에 따라 적용되는 장치가 다를 수 있다.

플랜트의 장치는 크게 목적에 따라 분류할 수 있다. 플랜트 장치의 핵심 목적은 어떤 물질을 다른 물질로 바꾸어주는 것이다. 대표적 장치로, 화학적 원리를 이용해 어떠한 물질을 전혀 다른 물질로 전환시키는 반응기와 가연성 물질과 산소를 반응시켜 열에너지를 발생시키는 연소기가 있다. 반응기에는 계속 물질을 넣는 동시에 반응시키면서 제품을 생산하는 연속식 반응기, 물질을 넣고 일정 시간 체류시키다가 나중에 한꺼번에 빼내는 회분식 반응기가 있다. 연속식 반응기의 예로는 생활하수의 오염물질을 생분해하는 정화 장치가 있다. 회분식 반응기는 미생물 음식물 처리기, 압력밥솥이나 쌀에 열을 가해 튀밥을 만드는 장치 등을 예로 들 수 있다. 또한 연소기는 가스나 등유를 태워 열을 발생시키는 가정용 소형 보일러, 대형 플랜트에서 대량의 도시가스를 태워 열이나 증기를 생산하는 연소기까지 다양한 종류가 있다. 이러한 장치들이 물질을 바꾸어주는 역할을 한다면, 플랜트에서는 물질의 수송, 압축, 냉각, 가열 등 다양한 목적을 가진 장치를 알맞은 곳에 설치해 활용해야 한다.

그렇다면 어떤 장치들을 어떻게 활용해야 할까? 지금부터 플랜트에서 활용하는 각종 핵심 장치에 대해 살펴보자.

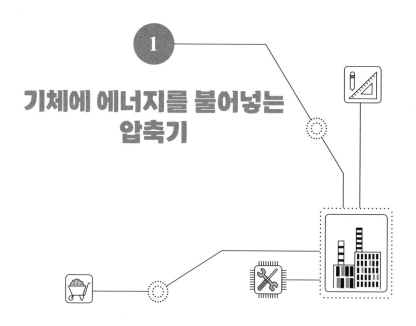

기체에 에너지를 불어넣는 압축기

에어컨과 냉장고는 어떻게 작동할까

에어컨과 냉장고는 아주 중요한 가전제품이다. 기후위기로 심해지는 폭염 속에서 에어컨이 없는 여름은 상상할 수조차 없다. 사계절 내내 음식의 신선도를 유지해주고 각종 음식을 냉동·냉장 보관할 수 있는 냉장고도 필수품이다. 그런데 에어컨과 냉장고가 어떻게 작동되는지 아는 사람은 많지 않을 것이다.

에어컨과 냉장고의 핵심 작동 원리는 줄·톰슨 효과이다. 1854년 제임스 프레스콧 줄과 윌리엄 톰슨이 발견한 현상으로, 압축한 기체를 가는 구멍으로 내뿜어 갑자기 팽창시킬 때 그 온도가 변하는 현상이다. 수도꼭지에 호스를 연결해 자동차나 텃밭에 물을 뿌릴 때를 연상하면 된다. 수도꼭지는 압력이 있어야만 낮은 곳에서 높은 곳으로 올라가거나 흐를 수 있다. 그래서 수도꼭지에서 나오기 전 물은 대기압의 두세 배에 달하는 높은 압력을 가진 상태인데, 호스를 통해 물이 방출될 때는 압력이 떨어지는 대신 속도가 높아진다. 이때 액체는 온도의 변화가 미미하지만 다른 유체, 특히 기체일 경우에는 다르다. 매우 높은 압력을 지닌 기체는, 기체의 종류에 따라 압력이 낮아질 때 온도가 상당히 달라진다. 일반적인 천연가스나 이산화탄소는 압력이 낮아지면 온도도 낮아진다. 반면 상온에서의 수소는 압력이 낮아지면 오히려 온도가 높아진다.

냉장고와 에어컨은 바로 이러한 원리로 작동된다. 높은 압력을 가진 기체를 팽창시키는 과정, 즉 압력을 급격히 낮추는 과정을 통해 온도를 낮출 수 있다. 에어컨에서 실내 공기, 냉장고에서 내부의 공기 온도를 낮춰주는 물질을 냉매라고 한다. 과거에는 프레온가스라는 냉매를 활용했지만, 화학적으로 너무 안정적이다 보니 대기 중에 배출되면 대기권에 머무르면서 지구의 온도를 높이는 온실가스 역할을 하는 탓에 금지되었다. 요즘은 주로 불화탄소HFC 계열의 물질이 에어컨과 냉장고의 냉매로 활용되고 있지만, 역시 오존층 파괴 지수가 그다지 낮은 편은 아니라서 대체 냉매가 개발되고 있다.

냉매가 제대로 기능하려면 압력을 높이는 장치가 필요한데, 기체의 압력을 높이는 데 활용되는 장치는 압축기이다. 압축기는 냉장고, 에어컨뿐만 아니라 다양한 분야에 활용되고 있다. 생활에서는 공기압축기를 자주 접한다. 자동차나 자전거 타이어의 압력을 높여서 팽팽하게 만들려면 공기압축기가 있어야 한다.

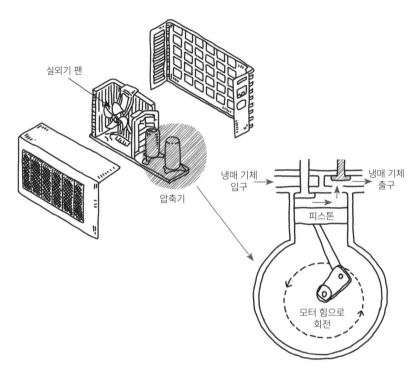

실외기 팬

압축기

냉매 기체
입구

냉매 기체
출구

피스톤

모터 힘으로
회전

그림5 에어컨에 들어 있는 압축기의 구조

　자동차 타이어에 대용량의 공기를 넣을 때는 카센터 같은 곳에 설치
된 공기압축 시스템으로 공기를 압축해 넣는다. 자전거 타이어에 공기를
주입할 때 활용되는 공기압축기도 원리가 같다. 전기가 아니라 사람이 손
으로 펌프질해 압축한다는 것만 다를 뿐이다. 이처럼 직접적으로 기체를
압축해 에너지를 주거나 높아진 압력을 낮춤으로써 일부러 온도를 낮추는
기능에 활용되는 압축기는 일상에서도 매우 중요한 역할을 하고 있다.

⚙ ── 플랜트에서 압축기는 어떻게 쓰일까

앞에서 살펴본 압축 원리는 플랜트에도 적용된다. 플랜트 장치에서 압축 원리는 기체에 에너지를 주어 압력을 높인 뒤 직접적으로 활용하는 경우와 압축된 기체를 활용해 응용하는 경우로 나뉜다.

기체에 에너지를 주어 압력이 높아진 기체를 직접 활용하는 장치는 가스압축기이다. 예를 들어 천연가스 압축이 있다.

우리나라는 천연가스가 나오지 않는 데다 지정학적으로 고립되어 있다. 그래서 천연가스를 냉각, 압축해 액체 상태로 만든 액화천연가스 Liquefied Natural Gas, LNG를 수입한 다음 이를 다시 가스로 바꾸어 사용한다. 반면 천연가스가 나오는 국가나 천연가스를 생산하는 국가가 주변에 있는 국가들에서는 가스전으로부터 파이프라인을 통해 가스 상태로 받아 발전 연료나 가스레인지와 보일러 연료로 활용한다. 발전소나 가정으로 가스를 원활하게 공급하려면 천연가스가 생산되는 곳에서 가스를 내보낼 만한 충분한 압력에너지를 가지고 있어야 한다. 천연가스를 생산해 수요처로 수송할 때 압력에너지가 충분하지 않으면 가스가 파이프라인에서 제대로 흘러갈 수 없다. 가정에서 수압이 약하면 물이 제대로 안 나오는 경우를 생각하면 된다. 이를 해결하는 장치가 압축기이다.

압축기는 기체에 에너지를 주는 기능을 한다. 전기에너지로 선풍기의 팬을 돌려 공기에 에너지를 주는 원리와 같지만, 그보다 훨씬 높은 에너지를 가한다. 선풍기처럼 대기 중에 개방된 장치를 활용하면 제대로 압력을 높일 수 없으므로 플랜트의 압축기는 보통 밀폐되어 있다. 기체가 밖으로 새어나갈 염려가 없도록 설계, 제작되어 오롯이 내부 기체에만 에너지를 주기 때문에 압력도 크게 높일 수 있다. 이러한 압축기를 활용하면 아주 먼거리에 기체를 운송할 수 있다.

가스 같은 기체는 긴 파이프라인을 이동하면 할수록 점차 에너지를 잃어버린다. 압축기는 이렇게 손실되는 에너지를 보완해주는 역할도 한다. 또한 플랜트에서 필수적인 공기나 질소 같은 유틸리티의 압력을 높이는 데에도 활용할 수 있다

원료나 물질을 압축한 뒤 줄·톰슨 효과를 이용하면 천연가스 생산에 다른 방식으로 응용할 수 있다. 해저에 묻혀 있던 천연가스를 뽑아내면 다양한 불순물이 섞여 있는데, 이 가운데 수분도 있다. 연료로 활용되는 천연가스는 수분이 섞여 있으면 제 역할을 할 수 없다. 이를 해결하기 위해 줄·톰슨 효과를 활용한다. 압력을 낮추는 기능은 공기량을 조절하는 스로틀Throttle 밸브가 담당한다. 압축기를 통해 높은 에너지를 부여받은 기체가 스로틀 밸브를 통과하면서 급격하게 압력이 낮아지고, 이로 인해 온도도 낮아져 응축(기체가 액체가 되는 현상)된다. 천연가스에 있는 부탄, 프로판 같이 무거운 기체가 액체가 되면서 수분과 분리된다. 더욱이 이렇게 액체로 바뀐 물질을 배출하면 천연가스 속 기체가 배출되는 것이므로 양을 최소화할 수도 있다. 이런 과정을 거쳐야 비로소 우리가 쓸 수 있는 에너지의 원료가 된다.

이러한 압축기를 활용할 때는 주의해야 할 점이 있다.

첫째, 유지보수와 검사이다. 압축기가 최고의 효율을 내고 가동이 중지되지 않도록 하려면 정기적인 유지보수와 검사가 중요하다. 압축기는

회전하는 동력 장치라서 특히 윤활을 위해 압축기 회전 부위에 공급되는 오일의 수위가 잘 유지되는지 확인한다. 오일은 냉각수처럼 계속 순환하는데, 압축기 회전 속도가 달라짐에 따라 오일도 공급이나 회수 유량이 달라질 수 있다. 과다 공급되거나 회수가 적절히 되지 않아 적게 공급되면 압축기의 성능에 문제가 생기고, 수명이 줄 수도 있다. 또한 압축기를 고정시킨 볼트 등을 잘 조이고, 장치에 이물질이 없는지 확인해야 한다.

둘째, 작동 조건을 철저히 지켜야 한다. 압축기에 과부하가 걸리거나 극심한 온도 변화에 노출되거나 부식성 환경에서 작동할 경우 장치가 손상되고 성능이 떨어지기 때문이다.

셋째, 적절하게 배관을 연결해야 한다. 압축기 장치에 들어오는 기체 배관과 연결되는 부위, 그리고 기체가 나가는 배관과 연결되는 부위가 확실히 연결되어 있어야 한다. 높은 압력으로 작동하는 데다 진동까지 발생하는 압축기의 연결 상태가 불량하다면, 기체가 누출되거나 압축 손실이 일어나 장치의 효율성이 줄고 고장 날 수도 있다.

넷째, 적절한 전기 시스템이 갖춰져야 한다. 압축기는 보통 전기 모터로 돌리는 경우가 많아서 압축기의 요구 사항을 충분히 충족하도록 전기 시스템을 설계하고 설치해야 한다. 그렇지 않으면 불완전한 전력 변동이 발생해 플랜트에 영향을 줄 수 있다. 또 전기 시스템에 과부하가 걸리거나 장치 내부에 과도한 전기가 쌓일 수 있는 부적절한 접지를 한다면 전기 부품이 손상되고 압축기가 고장 날 수도 있다. 그래서 전기 시스템을 적절하게 유지관리하고 정기적으로 검사하는 작업이 중요하다.

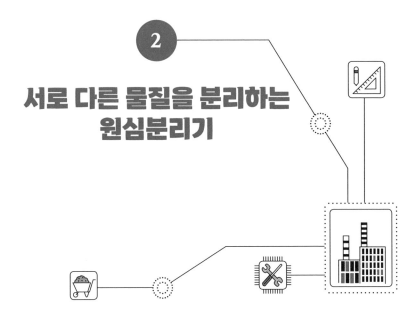

서로 다른 물질을 분리하는 원심분리기

⚙️── 커피를 저을 때와 세탁기 탈수의 공통점

우리는 평소에 느끼지 못하지만 늘 중력의 영향을 받는다. 중력의 영향에서 벗어나는 우주로 가면 지구에서처럼 생활하기 어렵다는 것도 알고 있다. 그런데 중력보다 더 큰 힘을 이용하면 우리 생활에 도움이 되는 효과를 얻을 수 있다. 바로 원심력이다.

원심력은 원운동을 하는 물체나 입자에 작용하는, 원의 바깥으로 나아가려는 힘이다. 원심력은 우리 주변에서 자주 볼 수 있다. 믹스커피에 물을 따르고 숟가락으로 힘을 주어 저으면 가운데로 거품이 모인다. 무거운 물은 바깥으로 이동하고 가벼운 거품은 밀도가 낮아 가운데로 모이기 때문이다. 좀 더 세게 저으면 찻잔 속 소용돌이는 점차 강해지고, 아주 세게 저으면 가운데가 뻥 뚫린 채 소용돌이친다.

원심력을 잘 보여주는 또 하나의 예가 세탁기이다. 세탁기는 빨랫감을 탈수할 때 원통을 강제로 빠르게 회전운동을 시킨다. 이때 빨랫감은 원통 안에서 원운동을 계속하지만, 물은 원통 밖으로 빠져나가므로 탈수가 되는 것이다. 빨래를 햇볕에 말린다고 해도 세탁기의 탈수 기능으로 물을 최대한 제거하면 훨씬 빨리 건조된다.

⚙──· 플랜트에서 원심분리기는 어떻게 쓰일까

플랜트에서 원심력을 활용하는 장치는 크게 두 가지이다. 먼저 사이클론Cyclone이 있다. 사이클론은 들어오는 유체의 속도가 높을 때 여기에 에너지를 가해 발생하는 원심력으로 물질을 분리한다. 주로 폐수를 처리하기 전에 폐수에 들어 있는 기름을 분리하거나 액체에 든 고체 불순물을 제거할 때 사용한다.

그렇다면 움직이지 않고 가만히 있는 상태의 혼합물을 분리하고 싶을 때는 어떤 장치를 사용할까? 원심력을 이용해 물질을 분리하는 원심분리기Centrifuge를 사용한다. 장치로 들어오는 혼합물이 그 자체로 힘을 가지고 있어 원심력을 발생시킬 수 있다면 사이클론을 사용하면 되지만, 정적인 상태라면 외부에서 강제로 원심력을 가해야 한다.

원심분리기는 주로 서로 다른 비중(어떤 물질의 밀도와 표준 물질의 밀도와의 비)을 가진 액체 물질을 분리하거나 물과 기름을 분리하는 데 활용한다.

원심분리기에 물과 기름이 섞인 물질을 넣고 원심력을 가하면 밀도가 높은 물은 바깥쪽으로 모이고, 밀도가 낮은 기름은 가운데로 모인다. 그러면 가운데에 모인 기름을 장치 중간에 있는 구멍이나 통로에 연결된 배관을 통해 **빼**내어 제거할 수 있다.

앞서 살펴본 폴리에틸렌 생산 공정에서처럼 화학반응을 통해 생성된 고체 물질이 액체와 섞여 있으면 원심분리기로 고체에서 액체를 제거할 수 있다. 만약 여기서 제거한 액체가 비중이 다른 혼합물이라면, 액체-액체 원심분리기로 분리할 수 있다. 즉 고체-액체든 액체-액체든 다양한 원심분리기를 조합하면 비중 차이를 활용해 서로 분리할 수 있다.

혼합물을 분리할 때는 펌프를 활용해 미리 에너지를 가한 다음 사이클론에 넣거나 원심분리기와 같이 회전하는 장치에 넣어 분리하는데, 그

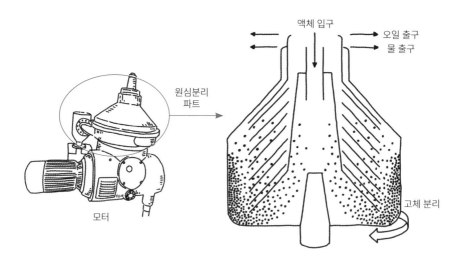

그림6 원심분리기의 구조

원리는 같다. 그런데 비중 차이가 별로 나지 않는 혼합물은 원심분리기로도 제대로 분리되지 않는다. 이러한 경우에는 끓는점 차이를 활용하는 증류 장치나 어떤 물질을 넣어 추출하는 추출 분리 등을 적용한다.

플랜트에서 원심분리기를 활용할 때는 다음과 같은 점을 고려해야 한다.

첫째, 적절한 작동 조건을 지켜야 한다. 플랜트 장치는 필요한 압력과 온도에 여유분을 두어 설계하고 제작한다. 장치를 한없이 견고하게 만들면 좋겠지만, 비용이 높아지기 때문에 안전에 문제가 없을 정도로만 만드는 것이다. 즉 원심분리기는 지정된 설계 한계와 온도 범위 내에서만 작동해야 한다. 만약 장치의 부품이 녹거나 손상될 정도로 원심분리기를 작동시키거나 부식성 물질에 노출되면 성능이 떨어질 수 있다.

둘째, 로드 밸런싱Load balancing은 장치의 수평과 균형을 맞추고, 원료의 무게와 분포를 고르게 하는 작업이다. 적절한 로드 밸런싱은 원심분리기를 안전하게 작동시키는 데 매우 중요하다. 원심분리기의 수평이 안 맞거나 원료를 불균일하게 로딩할 경우 고장으로 이어질 수 있다. 세탁기를 사용할 때 너무 많은 빨래를 넣으면 제대로 세탁되지 않고 탈수 동작이 정지될 수 있으므로 적절한 양의 빨래를 넣어야 하는 것과 비슷하다. 따라서 로드 밸런싱을 만든 제조업체의 사용법을 따르고 정기적으로 로드 밸런싱이 잘되는지 확인해야 한다.

셋째, 원심분리기가 최고 효율로 작동하고, 예기치 않은 가동 중지를 방지하려면 정기적으로 유지관리하고 검사해야 한다.

넷째, 적절한 회전 속도로 작동시켜야 한다. 원심분리기가 감당할 수 있는 회전 속도를 넘어갈 경우 과부하가 걸려서 심하게 마모되거나 고장 날 수 있다.

　마지막으로 적절한 전기 시스템이 필요하다. 제품에서 요구하는 적합한 전압에 맞춰 안정적으로 전기를 공급해야 한다.

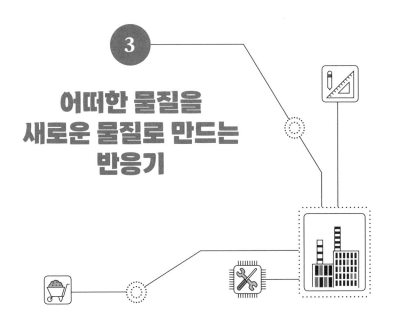

3

어떠한 물질을
새로운 물질로 만드는
반응기

⚙——• 김 빠진 콜라는 어떻게 녹을 제거할까

　　맥주는 청량하고 고소한 풍미를 가지고 있어 전 세계인이 즐기는 술이다. 대부분의 술이 그렇듯 맥주도 매우 많은 공정을 거쳐 생산된다.

　　맥주는 맥아(보리에 싹을 틔워 말린 것) 제분, 곡물의 당분을 분해하는 매싱, 추출물 분리, 홉 첨가와 끓임, 홉과 침전물 제거, 냉각과 통기, 발효, 젊은 맥주에서 효모 분리, 숙성, 포장을 거쳐 생산된다. 다시 말해 곡물 전분을 설탕으로 전환해 물로 설탕을 추출한 다음 효모로 발효시켜 알코올량이 적은 탄산음료를 만드는 것이다. 이 과정들은 플랜트에서 각종 화학물질을 서로 결합하거나 분해해 전혀 새로운 물질을 만드는 반응 과정을 잘 보여준다.

반응 과정은 김 빠진 콜라를 이용해 녹슨 철에서 녹을 제거하는 원리에서도 찾을 수 있다. 널리 알려진 생활 팁 가운데 수도꼭지나 배관이 오래도록 방치되어 빨갛게 녹슨 경우 콜라로 제거하는 방법이 있다.

녹은 산화철이다. 일반적인 철^{Fe}은 오래 방치하면 녹이 생긴다. 녹슬지 않는다는 스테인리스강도 품질이 좋지 않으면 녹이 생기는데, 공기 중 산소와 철이 반응해 산화철이 생기기 때문이다. 녹이 슬면 미관상 좋지 않을 뿐만 아니라 녹슨 부위에 긁혀 상처가 나면 파상풍이 생길 수도 있다. 그렇다면 녹을 제거하려면 어떻게 해야 할까? 녹슨 철 제품에서 녹슨 부분을 긁어내는 물리적인 조처를 할 수도 있지만, 심하지 않으면 콜라를 활용해 녹을 제거할 수 있다. 콜라는 물에 탄산과 인산이 섞인 음료다. 탄산과 인산은 물속에서 수소와 결합해 이온 상태로 녹아 있다. 수소와 결합한 탄산과 인산이 녹슨 철과 만나면 수소가 산화철의 산소와 반응해 물이 되어 녹이 제거된다. 즉 산화철이 다시 철로 환원되는 것이다.

이처럼 맥주가 만들어지는 과정과 김 빠진 콜라로 녹을 제거하는 과정을 보면 반응 과정이란 무엇인지 잘 알 수 있다.

⚙️── 플랜트에서 반응 원리는 어떻게 활용될까

반응은 특히 화학 플랜트에서 가장 중요한 원리다. 플랜트의 목적대로 원하는 제품이나 에너지를 만들려면 반드시 반응 과정이 필요하다. 다양한 반응과 각 반응 과정에 알맞은 장치는 화학 플랜트가 폭발적으로 성장할 수 있었던 원동력 중 하나이다.

화학 원료를 예로 들어보자. 나일론은 1930년대 듀폰에서 만든 합성 섬유로, 대단히 혁신적인 화학섬유이다. 기존에 옷감으로 활용되던 양털, 실크, 면섬유 같은 천연섬유는 생산 단가가 비싸고 대량으로 생산하기 어려운 반면, 나일론은 플랜트만 건설하면 저렴하면서도 대량생산이 가능하기 때문이다. 나일론은 염화아디프산을 디클로로메탄이라는 용매에 녹인 후 헥사메틸렌디아민과 혼합해 만든다. 원래 액체 상태였던 두 물질이 화학적으로 결합해 고체 형태로 재탄생하는 반응 과정을 거친 것이다. 반응 과정에서 열도 발생하는데, 이를 발열 반응이라고 한다.

반응 시 주위의 열을 흡수하는 흡열 반응도 있다. 지구온난화의 원인인 이산화탄소를 다른 유용한 물질로 만들 때 흡열 반응이 나타난다. 이산화탄소와 물을 섞고 에너지를 주어 아주 뜨거운 온도로 높이면 일산화탄소와 수소로 만들 수 있다. 일산화탄소는 보일러나 연탄이 불완전연소할 때 발생하는 물질로, 사람에게는 대단히 위험하나 화학산업에서는 매우 중요한 화학 원료다. 수소는 최근 들어 더욱 각광받고 있는 물질이다. 광섬유와 조명, 수소 자동차 연료, 수소 연료전지 등에 쓰인다.

생활에서 반드시 필요한 반응 과정은 연소이다. 석유나 가스를 산소와 반응시키면 이산화탄소, 물과 함께 열도 발생하는데, 이때 발생하는 열에너지를 취사와 난방에 활용한다. 자동차도 연료가 연소 과정을 거쳐 폭발적인 에너지를 생산함으로써 움직이는 것이다.

플랜트에서 반응 원리를 적용해 화학물질을 만들어내는 장치를 반응기라고 한다. 반응기는 앞서 살펴본 것처럼 원료를 반응시켜 새로운 화학

물질을 만들어내는 화학 반응기도 있고, 연소 원리를 활용하는 연소기, 보일러 같은 연소 반응기도 있다. 반응기는 원료의 종류, 온도와 압력, 기체·액체·고체인지에 따라 매우 다양한 장치가 활용된다. 대표적으로 물질을 휘저어주는 교반기가 달린 교반식 반응기가 있다. 구조만 보면 슬러시나 식혜의 알갱이를 골고루 섞어주면서 온도를 낮추는 데 활용하는 장치와 비슷하다. 반응기는 두 가지 이상의 원료가 잘 섞여야만 제대로 반응할 수 있다. 원료가 한쪽에 정체되어 제대로 섞이지 않으면, 각 물질이 만나지 못해 반응할 수 없다. 이때 발열 반응이 필요하냐 흡열 반응이 필요하냐에 따라 외부에서 열을 가할지, 냉각을 할지 결정한 뒤 장치를 만든다.

반응기에는 대부분 촉매를 사용한다. 촉매는 반응이 좀 더 쉽고 빠르게 이루어지도록 촉진해주는 물질이다. 우리 입속 침에도 촉매의 일종인

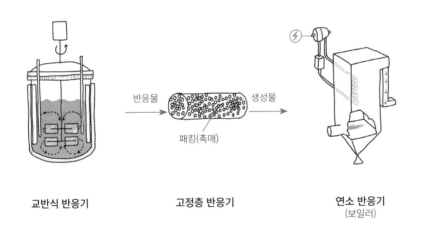

반응물 ⟶ 패킹(촉매) ⟶ 생성물

교반식 반응기　　　　고정층 반응기　　　　연소 반응기
(보일러)

그림7 반응기의 종류

아밀라아제라는 소화 효소가 있어 탄수화물을 분해해준다. 촉매는 대부분 반응에 참여하면서도 자신은 소모되지 않고 다른 물질의 반응을 돕는다. 촉매를 넣을 때는 반응 과정마다 적당한 양을 넣어야 한다. 너무 많은 촉매를 넣으면 반응이 급속하게 일어나 자칫하면 폭발할 것처럼 압력이나 온도가 높아질 수 있어 위험하다. 반대로 너무 적은 촉매를 넣으면 원하는 속도대로 반응이 일어나지 않기도 한다.

교반식 반응기가 액체나 고체를 반응시키는 장치라면 기체와 기체를 반응시킬 때는 다른 반응기를 활용한다. 대표적으로 고정층 반응기가 있다. 내부에 고체로 된 촉매 층이 있어 혼합 액체나 기체가 이를 통과하면서 반응이 일어나고, 반응기 출구에서 목표로 하는 조성과 순도로 반응이 일어난 후 배출된다.

그런데 이러한 반응 과정에서 주목할 점이 있다. 원료를 투입할 때 모든 원료가 원래 만들려고 했던 새로운 물질이 되지는 않는다는 것, 그리고 다양한 반응 생성물이 만들어질 수 있다는 것이다. 이는 전환율과 관계 있는데, 전환율이 90퍼센트라면 들어간 원료의 10퍼센트는 반응하지 않은 채로 배출된다. 또한 반응 생성물에 기존 원료가 섞여 있으면 판매할 수 있을 만한 품질의 제품이 될 수 없으므로 분리해야만 한다.

반응 과정에서 원하지 않는 반응이 일어날 수도 있다. 이를테면 보일러의 불완전연소가 있다. 석유 보일러는 등유와 물이 반응해 열에너지와 이산화탄소, 물을 생성한다. 그런데 제대로 연소되지 않으면, 석유 일부는 그대로 배출되고 공기 중 질소와 산소가 반응해 대기오염의 주원인이 되는 질소산화물이 생길 수 있다. 무엇보다 사람에게 치명적인 일산화탄소가 발생하기도 한다. 그래서 반응기에는 여러 가지 혼합물을 분리하는 분리 시스템이 필요하다. 원하는 물질을 제대로 얻으려면 반응기에서 반응이 잘 이루어지도록 온도와 압력을 아주 정밀하게 제어하고, 촉매량이나 반응기의 섞임 상태 등을 확실하게 제어해야 한다.

반응 원리는 반응기나 연소기같이 직접적인 반응 과정에 적용되지만, 플랜트에서 각종 배관의 녹을 제거하는 데에도 활용된다. 플랜트에서 다양한 물질을 이송할 때 쓰는 배관의 재질은 주로 철이다. 오랜 시간이 지나면 내부에 녹이 슬어서 제품을 오염시키거나 제품의 품질이 나빠질 수 있다. 이 문제를 방지하기 위해 소량의 부식방지제를 넣어 배관에 피막을 만들어 산소와 반응하지 않게 조치하거나 페인트칠을 한다. 배관을 오래도록 쓰지 않았거나 페인트칠을 하지 않아 녹이 생기면 화학적 청소, 즉 청관제(보일러 관의 물때를 없애는 데 쓰는, 산이나 알칼리·계면활성제로 된 물질)로 녹을 제거한다. 청관제가 김 빠진 콜라와 비슷한 역할을 함으로써 산화철의 산소를 떼어낸다.

4
끓는점 차이로
물질을 분리하는
증류 장치

⚙️──• 증류식 소주는 어떻게 만들어지나

소주는 우리나라 사람들에게 널리 사랑받는 술이다. 시중에서 비교적 저렴한 가격으로 구매할 수 있는 소주는 대부분 희석식 소주이다. 희석식 소주는 주정이라는 전분이나 당분을 발효시켜 만든 알코올 농축액에 물과 첨가물을 섞어서 만든다. 자연 발효로는 효모를 활성화하는 데 한계가 있어 알코올 도수가 15도 이상 높아지기 어렵기 때문에 적당히 발효된 알코올을 끓여서 농축한다. 이러한 과정을 거쳐 만든 고농도 주정에 물을 섞고, 맛과 향이 좋아지도록 스테비아 같은 감미료를 첨가한다.

또 다른 소주 종류로 증류식 소주가 있다. 증류식 소주는 소줏고리라는 도구를 이용해 쌀과 누룩, 물로 낮은 도수의 청주를 만든 다음 끓여서

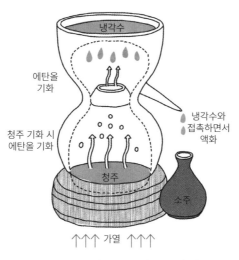

그림8 증류식 소주를 만드는 방법

알코올을 모아 추출한다. 이 방식은 희석식 소주에도 활용한다. 끓는점의 차이를 이용해 물과 알코올을 분리하는 것이다. 증류식 소주는 전통적인 방식을 이용해 생산하다 보니 대량생산이 쉽지 않아 비싼 편이다. 반면 희석식 소주보다 첨가물이 덜 들어가고 도수가 높아 오히려 숙취가 적다는 장점이 있다.

이와 같이 증류는 액체 혼합물을 끓는점에 따라 개별 성분으로 분리하는 과정이다. 증류의 원리는 간단하다. 서로 다른 액체는 서로 다른 온도에서 끓기 때문에 액체 혼합물을 가열하면 끓는점이 가장 낮은 성분이 먼저 증발하고, 그다음 끓는점이 낮은 성분의 순서대로 증발한다.

⚙️———• 플랜트에서 증류탑은 어떻게 쓰일까

플랜트의 증류 공정에는 대표적으로 증류탑^{Distillation tower}에서 액체 혼합물을 가열해 끓는점이 가장 낮은 성분을 증발시키는 과정이 있다. 이 과정에서 생기는 증기는 증류탑의 기둥 위로 올라가 냉각기를 통과한 뒤 액체 형태로 냉각된다. 이때 증류액은 별도의 용기에 수집된다. 끓는점이 더 높은 성분을 추가 분리하고 싶다면 이 같은 증류 공정을 여러 번 반복한다. 분리할 다음 성분의 끓는점과 일치하도록 증류탑의 온도와 압력 조건을 조정해 작업할 수 있다.

증류 공정은 석유화학 플랜트 가운데 증류 원리가 핵심적으로 적용되는 정유 플랜트에서 아주 중요하다. 해저나 땅속 깊숙이 묻혀 있던 원유에는 다양한 성분이 섞여 있어 증류 공정을 거쳐 성분별로 분리해야 한다. 이 과정에서 용도에 따라 휘발유, 등유, 경유, 아스팔트 등으로 분리된다. 정유 회사는 높고 구조가 복잡한 증류탑으로 다양한 석유화학 원료 물질을 생산하고 있다.

정유 공정 가운데 증류탑에서 원유를 가열해 개별 성분을 서로 다른 온도에서 증발시키는 공정이 있다. 증기는 다시 액체 형태로 응축되어 별도 용기에 수집되고, 원유에서 각각 다른 성분으로 분리할 수 있다. 또한 정유 공정은 에센셜 오일처럼 기름의 개별 성분을 분리하고 고품질의 순수한 제품을 생산하는 데 활용된다. 종종 에탄올과 물이 섞인 혼합물을 여러 번 증류해 최종 제품의 에탄올 농도를 높이는 알코올 생산에도 활용된다.

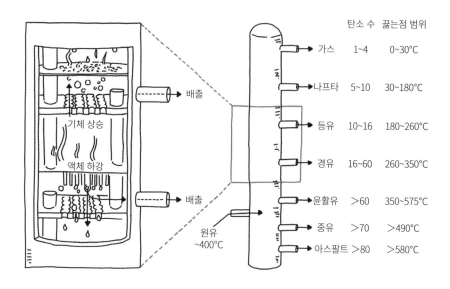

	탄소 수	끓는점 범위
가스	1~4	0~30℃
나프타	5~10	30~180℃
등유	10~16	180~260℃
경유	16~60	260~350℃
윤활유	>60	350~575℃
중유	>70	>490℃
아스팔트	>80	>580℃

원유
~400℃

그림9 증류탑 구조와 원유의 끓는점 차이에 따른 성분 분리

그렇다면 플랜트에서 증류탑을 활용할 때 중요하게 고려할 점은 무엇일까?

첫째, 안전이다. 어떤 플랜트 장치든 안전이 생명이지만, 증류는 액체를 가열하고 끓이는 과정에서 온도와 압력이 높아져 화재나 폭발을 일으킬 수 있다. 사고를 예방하려면 내화성(불에 타지 않고 잘 견디는 성질) 재료를 사용하고, 안전밸브 설치 같은 적절한 안전 조치를 해야 한다.

둘째, 순도이다. 증류의 목적은 원하는 대로 성분을 분리하면서 분리되는 물질의 순도를 맞추는 것이다. 증류 공정을 거친 최종 제품이 순수한지, 제품에 불순물과 오염물질이 들어 있진 않은지 확인한다. 더불어 증류 공정에 사용되는 재료는 증류되는 화학물질과 호환되어야 한다. 증류탑과 응축기는 화학물질과 반응하지 않거나 최종 제품을 오염시키지 않는 재료로 제작한다.

셋째, 효율성이다. 플랜트 증류탑의 효율성이란 최소 에너지와 최소 비용으로 증류의 목적을 달성하는 것이다. 증류탑의 효율성은 공정에 최적화된 증류탑 설계, 트레이 수(트레이는 구멍이 뚫린 다공판으로, 액체와 기체 간에 서로 물질을 전달한다. 트레이 수가 많을수록 분리 효율이 좋지만, 너무 많아도 투자 금액 대비 효율 상승 효과가 적으므로 최적의 개수를 설정한다), 온도와 압력 조건을 비롯한 여러 요인에 따라 달라질 수 있다. 최고의 효율성을 얻으려면 이러한 요인을 최적의 조건에 맞추어야 한다.

마지막으로 비용이다. 증류는 장치와 장치를 작동시키는 에너지에 상당한 투자가 필요한, 복잡하고 에너지 집약적인 공정이다. 따라서 증류 공정에 드는 비용을 충분히 계산한 뒤 비용을 절약할 수 있는 증류탑을 설계하고 운영해야 한다.

5
액체를 멀리 보내는
펌프

⚙️── 아파트 고층의 수압은 왜 낮을까

오래된 아파트나 아파트의 고층에 살면 수압이 낮아서 고생하는 경우가 많다. 아파트는 아파트의 가장 높은 곳에 설치된 물탱크로부터 각 가정으로 물을 공급한다. 그래서 물탱크와 가까운 고층일수록 상대적으로 물의 압력이 낮아서 수압이 낮은 편이고, 아래층으로 갈수록 수압이 높아진다.

수압은 베르누이의 정리와 관련 있다. 베르누이의 정리란 유체가 규칙적으로 흐를 때 유체의 속도와 압력, 위치에너지 사이의 관계를 나타낸 공식이다. 베르누이의 정리에 따르면, 운동하고 있는 유체의 위치에너지와 운동에너지의 합은 언제나 일정하다. 좀 더 쉽게 말해 유체는 빠르게 흐르면 압력이 감소하고, 느리게 흐르면 압력이 증가한다. 그래서 유체가 좁은 곳을 통과할 때는 속도가 빨라지므로 압력이 감소하고, 넓은 곳을 통과할 때는 속도가 느려지므로 압력이 증가한다.

아파트 물탱크에서 각 가정으로 공급되는 물을 예로 들어보자. 물탱크의 물이 가진 에너지는 베르누이의 정리에 따라 위치에너지, 속도에너지, 압력을 합산한 것과 같다. 물탱크의 물이 아래층으로 이동할 때 위치에너지는 속도에너지와 압력으로 바뀌면서 내려간다. 그럼에도 에너지의 합은 일정하다. 물이 더 아래층으로 내려가면 위치에너지는 더욱 감소하고, 속도에너지와 압력은 좀 더 증가한다. 다시 말해 물탱크 바로 아래층에 공급되는 물은 압력과 속도에너지로 변환된 위치에너지가 적어서 수압이 낮고, 물탱크와 아파트의 저층은 위치에너지에서 변환된 압력과 속도에너지도 커서 비교적 수압이 높다. 따라서 물탱크로부터 물이 공급될 때는 위치에너지 하나 때문에 층에 따라 수압이 다를 수밖에 없다.

이렇게 위치에너지 하나에만 의존하면 아파트 고층은 대체로 수압이 낮아진다. 이 문제를 해결하기 위해선 물에 더 많은 에너지를 가하는 펌프라는 장치가 필요하다. 펌프에 전기에너지를 공급해 펌프의 임펠러를 돌려서 물이 더 빠르게 이동할 수 있도록 한다.

아파트의 최고층에 있는 물탱크는 물의 압력과 속도에너지가 충분해야 물을 공급할 수 있다. 즉 압력과 속도에너지가 위치에너지보다 부족하면 펌프를 활용해야 한다는 뜻이다. 그러나 펌프를 설치한다고 해서 모든 문제가 개선되진 않는다. 너무 노후화된 배관은 높은 에너지를 가진 물이 들어올 때 파손될 수 있다. 또한 가정용 수압 펌프는 계량기 안에 설치하는 경우가 많은데, 펌프에 전기에너지를 공급하려면 전선을 설치해야 하며 펌프가 가동될 때 약간의 소음이 생길 수도 있다.

이 밖에 저수지에 물을 퍼올려 논에 물을 대는 양수기도 펌프에 해당한다. 흔히 사용하는 정수기나 세탁기 내부에도 물의 압력이나 속도를 높이기 위한 펌프가 들어 있다.

⚙—▶ 플랜트에서 펌프는 어떻게 쓰일까

다양한 액체를 여러 곳에 공급해야 하는 플랜트에서 펌프는 필수 장치이다. 펌프를 사용해 원료를 한 지점에서 다른 지점으로 흐르게 만들거나 각종 냉각수, 열매체(물, 수은처럼 가열하거나 냉각할 때 사용되는 유체)를 순환시킨다. 더욱이 각종 원료나 물질이 섞여서 오염되지 않도록 각각 다른 펌프를 사용해야 해서 대형 플랜트에는 수십 대 이상의 펌프가 설치된다.

플랜트는 일정한 원료 재고를 가지고 있어야 하므로 탱크에는 늘 액체 원료가 저장되어 있다. 이 원료를 플랜트에 공급할 때, 아파트 물탱크와 같이 위치에너지만으로 이송하기에는 에너지가 턱없이 부족하다. 아파트에서는 사용하는 데 불편하지 않을 만큼만 물이 나오면 된다. 하지만 플랜트에서는 공정에 알맞은 압력과 속도, 원료의 특성(밀도, 점도 등)에 맞추어 액체 원료를 공급해야 한다. 이때 펌프를 사용해 액체 원료에 에너지를 가한다.

플랜트에서 사용하는 펌프는 작동 방식에 따라 원심형 펌프와 용적형 펌프로 나뉜다. 원심형은 선풍기처럼 회전하는 임펠러로 액체를 이송하는 펌프고, 용적형은 주사기처럼 피스톤의 왕복 작용으로 액체를 흡입했다가 밀어내어 팽창시키는 펌프다. 원심형은 임펠러를 빠르게 돌릴수록 더 높은 에너지를 줄 수 있지만, 한없이 빠르게 돌릴 수는 없으므로 압력이나 속도를 높이는 데 한계가 있다. 반면 용적형은 압력과 속도를 거의 무한대로 높일 수 있다는 장점이 있다. 그러나 흡입과 팽창을 반복하다 보면 출렁출렁하는 맥동이 발생할 수 있고, 흡입과 팽창을 하는 속도에 한계가 있으므로 펌프질해야 하는 유체의 양에 제한이 생기기도 한다. 둘 다 장단점이 뚜렷하므로 플랜트의 목적과 상황에 맞춰 적합한 펌프를 선택한다.

플랜트에 펌프를 설치하고 운영할 때 몇 가지 주의할 점이 있다.

첫째, 펌프에 기체가 들어가면 안 된다. 펌프에 들어오는 액체에 아주

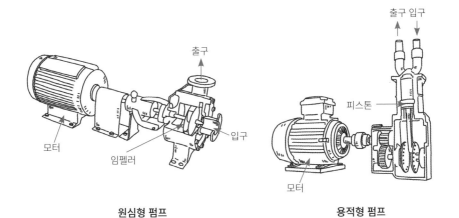

그림10 플랜트에서 사용하는 펌프의 종류

적은 양이라도 기체가 섞여 들어오면 기체의 거품이 터지면서 임펠러 같은 펌프 구조물에 지속적인 충격을 줄 수 있다. 심각한 경우에는 불과 몇 시간 만에 펌프의 임펠러가 손상될 수 있으므로 유의한다.

둘째, 펌프를 통해 액체가 에너지를 받고 나가는 후단(뒷부분)에 적절한 안전장치를 설치한다. 압력이 낮은 유체가 펌프를 통과하면 압력과 속도가 매우 높아진 상태로 이동한다. 따라서 압력이 너무 높아지지는 않았는지 확인할 수 있는 압력계기, 압력이 비정상적으로 높아졌을 경우 펌프 가동을 정지시킬 수 있는 안전장치를 설치한다. 이러한 장치들이 있는데도 압력이 높아지면 배관이 파손되므로 압력을 방출하는 안전밸브 등도 설치한다.

또한 펌프 후단은 액체의 높은 에너지로 인해 배관에 진동이 발생할 수 있으므로 배관을 고정하는 구조물을 설치한다. 이외에도 액체에 에너지를 줌으로써 발생할 수 있는 문제점을 최소화하기 위한 방법을 고려한다.

기체의 부피는 줄이고 액체는 분리하는 압력용기

탄산음료에서 탄산이 새어나가지 않게 하려면

시원한 콜라와 사이다, 탄산수 같은 탄산음료는 많은 사람이 즐겨 마신다. 그런데 탄산음료가 남아서 냉장고에 두었다가 며칠 뒤에 마시면 탄산음료 본래의 맛이 사라진 것을 느낄 수 있다. 오랜 시간이 지나면 음료에 녹아 있던 탄소가 많이 날아가기 때문이다.

탄산음료에 든 탄산의 정체는 이산화탄소이다. 공장에서 탄산음료를 만들 때 액체에 이산화탄소를 녹이기 위해 압력을 가한다. 대기압이 1기압이라고 하면 탄산음료에는 약 3~4기압 정도의 압력을 가한다. 이때 헨리의 법칙이 적용된다. 헨리의 법칙이란 일정한 온도 아래에서 기체가 액체에 용해될 때 기체의 용해량은 기체의 압력에 비례한다는 법칙이다. 즉 기체의 압력이 높을수록 더 많은 이산화탄소가 녹는다. 그래서 탄산음료 페트병은 병 내부의 높은 압력을 견딜 수 있도록 생수병보다 좀 더 견고하게 만든다.

그런데 압력이 높은 상태에서는 원래 넣었던 양만큼 이산화탄소가 녹아 있지만, 한 번 페트병을 개봉하고 나면 압력이 낮아지면서 병 안에 있던 이산화탄소가 많이 빠져나온다. 뚜껑을 꽉 닫아서 보관한다고 해도 뚜껑을 여는 순간 또다시 이산화탄소가 빠져나오면서 맛도 밍밍해진다. 이런 경험을 한 사람이 많았던 탓인지 인터넷에 검색하면 한 번 뚜껑을 연 탄산음료에서 최대한 탄산이 빠지지 않도록 보관하는 방법들이 나온다. 첫째, 페트병을 거꾸로 세워놓기, 둘째, 페트병을 찌그러뜨려 내부의 공기 빼기, 셋째, 압력 마개 활용하기가 대표적인 방법이다. 이 가운데 첫 번째와 두 번째 방법은 이미 압력이 낮아진 상태이기 때문에 효과가 그리 좋지 않다. 실질적으로 압력을 높은 상태로 유지시켜주는 세 번째 방법이 가장 낫다.

일정한 압력 아래에서 액체 상태로 존재하다가 공기 중에서는 기체 상태가 되는 원리는 플랜트 공정에도 적용된다. 원유에는 메탄, 프로판, 부탄가스 성분도 포함되어 있다. 메탄은 문제없지만, 프로판이나 부탄가스는 일정 압력 아래에서 액체로 존재하기 때문에 원유에서 제거해야 한다. 이 성분들을 제거하지 않은 상태에서 원유를 유조선에 실으면 기화하면서 문제가 생길 수 있어 원유를 생산할 때 반드시 분리 공정을 거친다. 또 다른 예로 휴대용 가스레인지의 원료인 부탄가스를 생각하면 쉽다. 통 내부에는 액체 상태로 존재하지만, 이를 활용할 때는 기체 연료가 된다.

부탄가스 통 안에 적당한 압력이 존재하기 때문에 부탄가스가 액체 상태로 유지되는 것이다.

⚙——· 플랜트에서 압력용기는 어떻게 쓰일까

플랜트에서 공정을 진행할 때 물질의 압력을 일정하게 유지하거나 빼주어야 하는 경우가 많다. 압력용기는 어느 정도 압력에너지를 가지고 있는 물질을 저장하거나 기체와 액체의 분리, 또는 이들이 잠시 거쳐가는 기능을 하는 장치이다.

압력용기의 물질은 일정 압력과 온도 아래에서 특정한 상태로 존재한다. 일반적으로 물질은 온도를 높이면 고체가 액체가 되고 결국 기체가 되며, 압력을 높이면 기체가 액체가 되고 마지막엔 고체가 된다. 즉 물질은 온도와 압력에 따라 그 상태를 결정하는데, 압력용기는 이러한 원리를 활용하는 것이다. 플랜트에서는 다양한 물질을 반응시키고 처리되는 과정에서 상황에 맞춰 물질의 상태를 변화시켜야 한다. 일부러 기체에서 액체가 되도록 온도를 낮추거나 압력을 높일 수도 있고, 액체에서 기체가 되도록 온도를 높이거나 압력을 낮출 수도 있다. 이 과정에서 압력용기가 물질을 저장하거나 분리하는 역할을 한다.

압력용기는 물질을 저장할 때 높은 압력과 다양한 온도를 견뎌야 하므로 무엇보다 튼튼하게 만들어야 한다. 탄산음료 페트병의 바닥 부분이 생수통보다 견고한 이유는 온도가 높아질수록 압력도 높아지는 상황, 예를 들어 한여름에도 터지지 않고 압력을 견딜 수 있어야 하기 때문이다. 부탄가스 통의 바닥 부분이 오목한 이유도 같다. 활처럼 곡선 형태로 만들면 위에서 누르는 압력을 좀 더 잘 견딜 수 있다.

플랜트의 압력용기도 부탄가스 통과 흡사하게 설계하고 제작한다. 아주 높은 압력도 견딜 수 있을 정도의 두께를 가지고 있으며 전체는 원통형으로 되어 있다. 만약 압력용기를 사각형으로 만든다면 원통형처럼 압력을 골고루 분산시키기 어렵기 때문에 같은 압력이 가해질 때 원통형보다 더욱 두껍게 만들어야 해서 경제성이 떨어진다. 또한 내부에서 물질이 팽창할 때 용기에 전해지는 힘이 가능한 골고루 전달되어야 하므로 압력용기는 대부분 뚜껑과 바닥 부분까지 구형인 경우가 많다. 그럼에도 외부에서 불이 나거나 용기 안으로 들어오는 물질의 압력이 너무 높으면 아무리

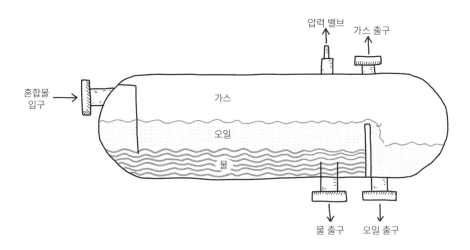

그림11 플랜트에서 사용하는 압력용기

튼튼한 압력용기라도 깨질 수 있다. 물질이 외부로 누출되어 화재나 폭발 같은 더욱 큰 사고를 일으킬 경우를 대비해 안전밸브를 설치한다. 가정에서 쓰는 압력밥솥에서 증기를 배출할 때 소리를 내는 추가 바로 안전밸브다. 안전밸브는 압력이 일정한 수준으로 올라가면 작동하고 압력용기가 견뎌야 하는 압력을 넘지 못하게 막아준다.

압력용기는 기체와 액체가 혼합된 물질을 분리하는 데에도 활용된다. 압력용기에 혼합물이 들어오면 기체는 위로 빠져나가고, 액체는 아래에 저장되었다가 배수구 같은 곳으로 나간다. 기체는 압력용기 내부를 이동하면서 중력에 의해 가지고 있던 액체를 떨어트리기 때문에 기체가 이동할 거리가 충분해야 액체를 분리할 수 있다. 다시 말해 압력용기의 높이가 높고 길이가 길수록 좋은 성능을 낼 수 있다. 그렇다고 해서 압력용기를 너무 크게 만들면 비용이 많이 들어가므로 목적에 맞춰 최적의 크기로 설계하고 제작한다.

압력용기는 크게 수직형과 수평형이 있다. 수직형은 세워져 있는 원통형이다. 탱크를 설치할 장소가 좁지만 위로는 높아져도 문제없을 때 설치한다. 수평형은 옆으로 긴 원통형이라서 설치할 장소가 넓지만 공간의 높이가 낮을 경우 설치한다. 플랜트에서 압력용기를 통과해야 하는 기체나 액체의 양에 따라 적절한 종류를 선택하기도 한다.

달라붙는 성질을 이용해 물질을 분리하는 흡착 장치

⚙️── 과자와 김을 바삭하게 보존해주는 실리카겔

　과자나 견과류, 김 포장 안에는 제품이 눅눅해지는 것을 막기 위해 방습제를 넣는다. 방습제로는 주로 아주 작고 동그란 알갱이 형태의 실리카겔을 활용한다. 실리카겔은 석영, 수정 등에 있는 규소 산화물인 이산화규소라는 물질로 이루어져 있으며, 수분을 잘 흡착하는 성질을 가지고 있어 과자나 김이 눅눅해지지 않도록 한다.

　실리카겔의 표면을 확대해 살펴보면, 수많은 구멍이 표면적을 넓게 만들어주면서 수분이 달라붙도록 하는 것을 알 수 있다. 이렇게 수분을 흡착하는 성질은 화장실이나 냉장고에 비치하는 활성탄(탄소)도 가지고 있는데, 검은색이라서 식품에는 잘 활용하지 않는다.

실리카겔이 밀봉된 포장 안에 들어 있을 때는 이미 제품의 습기를 많이 제거한 상태에서 질소 충전을 해놓았기 때문에 유통기한 안에는 기능에 문제가 없지만, 외부에 노출되는 순간부터 대기 중 습기를 흡착한다. 사용한 실리카겔을 가열해서 흡착되어 있던 수분을 날리면 재활용할 수 있지만 그렇게까지 해서 재활용하는 경우는 없다.

구체적으로 흡착은 무슨 원리일까? 흡착Adsorption이란 어떠한 물질이 다른 물질의 표면에 선택적으로 부착되는 성질이다. 보통 고체 물질에 기체나 액체가 흡착되는 경우가 많다. 흡착은 물질을 분리하기 위한 원리 중 하나로, 흡수Absorption와 혼동하기 쉽다. 그러나 흡착과 흡수는 차이가 크다. 흡수는 어떠한 물질이 아예 다른 물질에 녹아드는 성질이다. 다시 말해 흡착이 기체나 액체가 고체에 붙는 성질이라면 흡수는 기체나 액체가 다른 액체에 녹아드는 성질이다.

흡착은 물리적 흡착과 화학적 흡착으로 나눌 수 있다. 물리적 흡착은 각 물질의 성질이 변하지 않으면서 다른 물질의 표면에 붙는 것으로, 접착

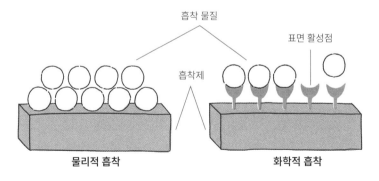

그림12 물리적 흡착과 화학적 흡착의 차이

제를 이용해 두 물질을 붙이는 것과 같다. 화학적 흡착은 두 물질이 서로 결합하는 과정에서 어느 하나의 물질이 화학적 변화를 일으키는 것이다. 철이 부식되면 철 성분이 대기 중 산소와 반응해 성질이 완전히 달라지는 현상에서 찾을 수 있다. 이때 한 번 달라진 성질을 완벽하게 원래대로 돌이키기는 어렵다.

⚙—— 플랜트에서 흡착 원리는 어떻게 활용될까

압축기 편에서 살펴보았듯이, 공기압축기로 압력을 높인 공기는 플랜트 곳곳에 공급되어 밸브를 움직이는 동력원으로 활용되거나 물질을 퍼징하는 등 다양한 유틸리티 역할을 한다. 그런데 공기에는 상당한 양의 수분이 들어 있으므로 압축 직후의 공기를 그대로 사용할 수 없다.

공기를 공기압축기에 넣기 전에 아주 건조한 상태로 만들어야 한다. 이를 위해 공기건조기를 사용하는데, 공기건조기 내부에 가득 찬 흡착제가 공기의 수분을 제거해준다. 공기건조기 흡착제로는 활성탄, 알루미늄 산화물인 산화알루미나, 규산염 광물인 제올라이트 등이 있다. 이들은 수분만을 선택적으로 흡착하는 성질을 가지고 있으며, 표면적이 넓어서 최대한 많은 수분을 흡착할 수 있다.

흡착 원리는 이처럼 기본적으로 어떤 물질을 분리하는 데 활용된다. 따라서 분리하고자 하는 물질을 최대한 선택적으로 흡착해야 좋은 흡착제라고 할 수 있다. 공기의 주요 성분 가운데 수분뿐만 아니라 산소나 질소까지 흡착한다면 분리 기능을 제대로 하지 못하는 것이다.

흡착을 잘 하려면 흡착제의 표면적이 넓을수록 좋다. 표면적이 작으면 물질을 어느 정도 흡착하고 난 뒤 기능을 잃어버리므로 원하는 만큼 물질을 흡착하려면 아주 많은 양이 필요하다. 많은 양이 필요하다는 것은 그만큼 흡착제를 채우는 장치의 크기가 커진다는 것이고, 비용도 높아진다는 뜻이다. 보통 휴지 같은 종이 뭉치로 물을 닦으면 금방 포화되지만 스펀지는 표면적이 넓고 물을 머금을 수 있는 함수 능력이 뛰어나다. 집에 놓아두면 유해물질을 흡착해 제거해준다는 숯도 비슷하다. 숯은 1그램의 표면적이 약 297.6제곱미터(약 90평) 아파트만큼 넓다.

흡착제를 채운 분리 장치인 흡착탑은 같은 크기의 장치를 두 개 이상 병렬로 설치한다. 하나는 수분을 흡착하는 데 사용하고 다른 하나는 재생하는 데 사용한다. 어느 정도 시간이 흐르면 흡착제에 수분이 달라붙거나 머금을 수 있는 한계에 도달하기 때문이다. 수분을 머금을 수 있는 한계치까지 도달하면, 뜨거운 공기나 기체를 불어넣어 흡착된 수분을 떨어뜨리는 재생 과정을 거친다. 그런데 재생 과정에서 한 번 사용한 장치는 다시 사용할 수 없고, 재생에 상당한 시간이 걸리기 때문에 똑같은 흡착탑을 병렬로 설치해 사용한다. 두 개의 흡착탑으로 구성된 흡착 시스템은 수직형 용기 두 개로 되어 있다. 흡착 용기로 공기가 들어가 건조돼 나오는데, 이 과정이 반복되면 용기 내부의 흡착제에 물이 가득 흡착되어 더 이상 쓸 수 없다. 그래서 용기 두 개를 설치해 한쪽이 포화되면 다른 쪽을 쓰고, 포화된 용기에는 뜨거운 공기나 기체를 불어넣어 재생시킨다. 이렇게 양쪽 용기를 번갈아 활용하면 연속 운영할 수 있다.

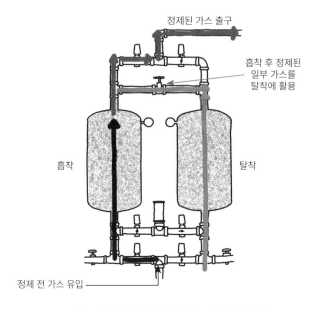

정제된 가스 출구

흡착 후 정제된
일부 가스를
탈착에 활용

흡착

탈착

정제 전 가스 유입

그림13 플랜트에서 사용하는 흡착 시스템

흡착과 탈착 과정을 반복할 때 중요한 것은 흡착과 탈착 시간이다. 흡착과 탈착 시간이 적절한 크기의 장치를 선택해야 순조롭게 흡착과 탈착을 진행할 수 있다. 흡착 시간만 고려해 크기를 정했는데 탈착 시간이 너무 오래 걸린다면 연속 운영할 수 없으며, 반대의 경우에도 똑같다. 그래서 상황에 따라 흡착 장치를 두 개 이상 설치할 수도 있다. 하나의 장치를 활용하다가 물질이 너무 많이 흡착되어 더 이상 기능할 수 없을 때 탈착을 해야 하는데, 한 장치의 기능이 다할 때쯤 나머지 장치를 활용하면 흡착 과정이 중단되는 시간을 방지할 수 있다. 이처럼 두 개 이상의 장치를 반복적으로 운영하면 문제없이 가스를 처리할 수 있다.

8

물질이 스며들거나 녹는 성질을 이용하는 흡수 장치

⚙️──• 우리 몸에서 일어나는 흡수 작용

흡수는 혼합물에서 어떤 물질을 제거하거나 다른 물질에 녹이는 일종의 이동 과정이다. 여기에는 고체·액체·기체 매질로 혼합물을 통과시켜 필요한 성분만 분리하는 것도 포함된다. 그런데 수분을 흡착하는 실리카겔이나 미세먼지를 흡착하는 공기청정기같이 생활에서는 흡착 원리가 더 많이 쓰인다. 흡착은 한계에 도달하면 기기의 필터를 교체하거나 재생하는 과정을 거치기 때문에 평소에 어떤 원리인지도 알아채기 쉽다.

그렇다면 생활에서 찾을 수 있는 흡수 원리에는 무엇이 있을까? 우리 눈에 보이지 않는 영양소 흡수, 유해물질 흡수 등이 있다. 우선 영양소 흡수는 미네랄이나 비타민 등 몸에 필요한 물질을 섭취하면 이를 몸속으로 끌어들이는 작용이다. 흡착이 단순히 흡착제로 다른 물질을 붙여서 분리하거나 제거하는 것이라면, 흡수는 더 나아가 물질을 이용하기 위한 과정을 거친다. 그래서 유해물질도 우리 몸에 흡수될 수 있다. 코팅된 영수증을 손으로 만지면 대표적인 내분비계 교란 물질인 비스페놀이 몸에 흡수될 수 있는데, 흡수된 유해물질은 혈액을 통해 운반되고 인체에 좋지 않은 영향을 준다. 또한 약물 성분도 입으로든 피부로든 몸속에 흡수되는 과정을 거친다.

흡수의 기본 원리는 혼합물에서 대상 물질을 분리하기 위해 한 물질을 다른 물질에 녹이는 것이다. 주로 대상 물질과 선택적으로 반응하고 용해함으로써 혼합물에서 대상 물질을 효과적으로 제거하는 용매 작용에서 일어난다. 흡수는 어떤 특정 물질을 분리하거나 정제할 때도 활용한다. 만약 차가운 물에 믹스커피를 넣고 저으면 커피와 설탕은 어느 정도 녹지만, 프림 가루는 거의 녹지 않는다. 물질마다 용해되는 특성이 다르고, 주어진 조건에서 해당 물질이 녹기 어렵기 때문이다.

⚙ ── 플랜트에서 흡수탑은 어떻게 쓰일까

플랜트에서 흡수 원리는 불순물 제거, 원하는 물질 회수, 고순도 제품 생산 같은 다양한 목적을 위해 특히 화학 플랜트에서 많이 사용한다. 광범위한 물질을 처리할 수 있는 능력 덕분에 석유화학, 제약, 식품 및 음료 생산을 포함한 다양한 산업에도 널리 사용된다.

흡수탑은 흡수 원리가 적용된 대표적 장치다. 흡수탑의 핵심 원리는 용매로 기체나 액체 혼합물에서 분리할 물질을 선택적으로 흡수해 분리, 정제하는 것이다. 흡수탑은 필요한 성분만 선택적으로 흡수하는 용매의 선택성, 혼합물의 유속, 흡수탑 내부의 온도와 압력 조건 등 여러 요인이 어떻게 작용하느냐에 따라 그 성능이 결정된다. 이러한 요소를 신중하게 잘 제어해야 흡수탑이 불순물을 효과적으로 제거하거나 가스, 액체를 분리하고 정화할 수 있다.

플랜트에서는 상황에 맞춰 여러 종류의 흡수탑을 사용한다. 우선 충전Packed탑은 라싱 링Raschig ring이나 폴 링Pall ring 같은 재료로 충전층을 채운다. 라싱 링은 구멍이 뚫려 있는 마카로니와 유사한 구조이고, 폴 링은 라싱 링보다 더 복잡한 구조로 되어 있으며 헤어롤처럼 생겼다. 두 재료 다 물질을 전달할 수 있는 표면적을 증가시킨다. 물통 안에 자갈을 채운

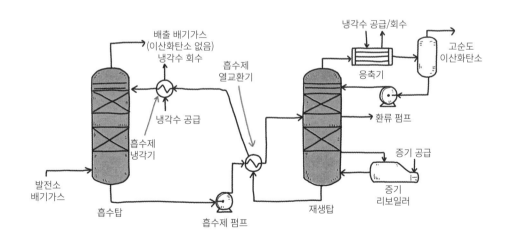

그림14 이산화탄소 포집 플랜트로 보는 플랜트 흡수 장치의 원리

후 물질이 서로 잘 섞이고 접촉할 수 있도록 하는 것과 같다. 이러한 흡수탑은 일반적으로 다량의 흡수가 필요한 응용 분야에 필요하다. 이를테면 발전소에서 나오는 배기가스에서 이산화탄소만 선택적으로 흡수할 때 사용한다.

트레이^{Tray} 흡수탑은 겉은 충전탑과 유사하지만, 충전층 대신 흡수액을 담을 수 있는 트레이가 있다. 흡수액이 역류하며 흐르는 상태에서 위쪽으로 쌓인 여러 개의 수평 트레이로 구성된다. 이 흡수탑은 충전탑보다 열전달 측면에서 더 효과적이라서 주로 열과 관련된 응용 분야에 사용한다. 트레이 흡수탑은 무엇보다 고도의 분리가 필요한 분야에 유용해서 원유를 여러 성분으로 분리할 때처럼 기체나 액체 분리에 사용한다.

다음으로 스프레이^{Spray} 흡수탑은 스프레이 노즐을 사용한다. 흡수액을 미세 방울로 분무해 물질을 최대한 많이 전달할 수 있도록 넓은 표면적을 가진 것이 특징이다.

이 밖에 스크러버^{Scrubber}도 있다. 스크러버는 공정흐름에서 유해가스를 제거하는 데 사용되는 일종의 흡수 장치이다. 유해가스는 스크러버의 아랫부분으로 들어가고, 일종의 세정제인 스크러빙 액체는 윗부분으로 들어가 샤워기처럼 분사되며 쏟아진다. 두 종류가 마주치는 흐름을 통해 유해가스에 든 유해물질을 흡수할 수 있다.

이러한 여러 종류의 흡수탑은 대부분 공정흐름에 유해가스가 존재하는 석유화학과 화학 생산 산업에서 사용된다. 화학 플랜트에서 주어진 공정에 적합한 장치를 선택하려면 플랜트 엔지니어가 다양한 흡수 장치와 적절한 크기의 장치를 설계할 수 있는 컴퓨터 시뮬레이션 프로그램, 유사한 기능을 하는 계산 툴을 잘 이해하는 것이 중요하다.

플랜트에 설치된 흡수탑이 효율적으로 작동할 수 있도록 다음 요소들도 고려해야 한다.

첫째, 가능한 한 작은 장치로 최대의 흡수 효율을 달성해야 한다. 즉 흡수탑의 설계와 작동 조건이 가스나 증기를 최대한 흡수하도록 최적화한다. 흡수 효율에는 흡수탑의 지름과 높이가 큰 영향을 주기 때문에 효율적으로 운영하려면 흡수탑을 적절한 치수로 설계한다. 흡수탑을 지나치게 크게 설계하면 흡수 효율은 높겠지만, 제작하는 데 큰 비용이 든다. 흡수탑에 어떤 충전재를 사용하는가도 흡수 효율에 영향을 줄 수 있다. 재료마다 특성이 다르므로 원하는 용도에 알맞은 재료를 선택한다.

둘째, 흡수탑에 액체와 기체 유량이 적당히 흐르게 한다. 액체 유속이 너무 빠르거나 기체 유량에 비해 액체 유량이 너무 많으면 기체가 제대로 흘러갈 수 없어 오히려 흡수가 잘 안 된다. 또한 기체 유량은 너무 많은데 흡수제가 적으면 물질의 분리가 잘 이루어지지 않을 것이다.

마지막으로 흡수탑의 작동 온도와 압력도 흡수 효율에 중요한 요소다. 원하는 가스나 증기가 가능한 한 효과적으로 흡수되도록 한다.

물질의 온도차를 이용하는 냉각 장치

⚙️──• 냉장고와 에어컨이 시원한 온도를 만드는 법

　냉장고와 에어컨은 어떻게 각각 내부의 공기 온도와 실내 공기 온도를 시원하게 만들어주는 것일까? 그 핵심은 압축기 편에서 살펴본 냉매와 그 냉매를 차갑게 만들어주는 데 있다. 냉장고와 에어컨은 한마디로 냉매를 압축해 온도를 떨어뜨리는 장치이다. 냉매는 장치 내부에서 계속 순환하면서 실내 또는 장치 내부의 열을 빼앗아 밖으로 배출한다. 냉장고의 경우 내부의 열을 빼앗아 밖으로, 에어컨의 경우 실내의 열을 빼앗아 실외기로 배출함으로써 열에너지를 이동시킨다.

　이러한 역할을 하는 장치가 바로 냉각용 열교환기다. 냉각용 열교환기는 서로 다른 온도를 가진 물질에 간접적으로 열에너지만 전달해준다.

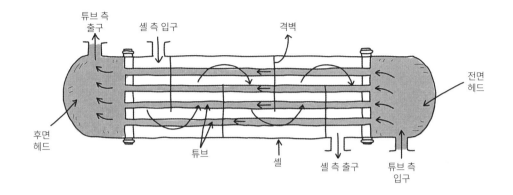

그림15 열교환기의 핵심 원리

냉장고와 에어컨에 들어 있는 냉각용 열교환기는 냉매를 활용해 냉장고의 내부 공기와 실내 공기 온도를 원하는 온도까지 낮춘다. 열교환기의 핵심 원리는 전도와 대류다. 전도란 어떤 매체를 통해 열이 전달되는 현상이고, 대류란 기체나 액체에서 열이 흐르듯이 전달되는 현상이다.

전도와 대류를 좀 더 쉽게 이해하기 위해 정수기의 냉각수 탱크를 살펴보자. 냉각수 탱크는 스테인리스강으로 만든, 사각형으로 된 작은 물탱크이다. 냉각수 탱크에서 전도를 이용한 열전달은 냉각 코일을 사이에 두고 이루어진다. 냉각 코일이 냉각수 탱크 안에 있으면 냉각 코일 내부에 있는 차가운 냉매와 외부에 있는 물 사이에 온도차가 나면서, 코일 벽을 통해 열에너지가 이동한다. 열에너지는 뜨거운 쪽으로부터 차가운 쪽으로 이동한다. 이때 냉각 코일이 두꺼울수록 저항이 커져 에너지 흐름에 지장을 줄 수 있으므로 가능하면 얇게 만드는 것이 좋다. 냉각 코일을 사이에 둔 상태에서 차가운 쪽의 냉매가 계속 흐르면서 열에너지를 다 빼앗아 냉각수 탱크 내부의 물 온도가 낮아지는 것이다.

냉각수 탱크 중간에 있는 물은 대류 현상으로 인해 차가워진다. 냉각 코일과 접촉하는 물이 차가워지면 밀도 차이로 인해 냉각수 탱크의 물이 순환한다. 다시 말해 냉각수 탱크 내부에 있는 물의 밀도가 부위별로 달라지는데, 이는 물의 무겁고 가벼운 정도가 달라지는 것이므로 서로 이동하며 섞인다. 계속 섞이다 보면 결국 냉각수 탱크 내부에 있는 물의 온도가 전체적으로 낮아진다.

열전달의 핵심 원리에는 복사도 있으나 주로 가열 과정에 활용되기 때문에 냉각 과정에서는 그다지 중요하지 않다.

한편 열을 빼앗는 기화 현상도 있다. 기화 현상은 우리 몸에서 찾아볼 수 있다. 사람의 체온을 유지하는 데 땀을 흘리는 작용이 아주 큰 역할을 한다. 사람에 따라 다르지만 열이 오르거나 매운 음식을 먹을 때 하루에 흘리는 땀의 양은 대략 0.5리터 내외라고 한다. 500밀리미터짜리 우유의 양을 생각해보면 상당히 많은 양이다. 몸에 땀이 나면 그 땀이 증발하면서 몸의 열을 빼앗는 기화 현상이 나타난다.

이처럼 땀이 기화하면서 열을 빼앗는 원리를 적용한 일상 제품이 있다. 바로 쿨토시다. 쿨토시는 빠르게 땀을 흡수하고 기화 작용을 통해 피부의 온도를 내려주는 역할을 한다. 쿨토시를 착용하면 따가운 햇볕으로부터 피부도 보호할 수 있으니 일거양득이다.

🔩———플랜트에서 열교환기는 어떻게 쓰일까

　전도, 대류 그리고 기화 현상이 플랜트에는 어떻게 적용될까? 플랜트에서도 냉각 장치는 어떠한 물질을 냉각하는 데에 사용된다. 다양한 물질을 분리하거나 서로 반응시키는 과정에서 열을 가하거나 열이 발생하는 경우가 많다. 제품을 생산할 때 에너지를 주어야 하고, 그 뒤에는 완제품을 다시 냉각해야 저장하기 쉽고 시장으로 내보낼 수 있기 때문이다.

　냉각에 필요한 냉각 열교환기는 가열하기 위한 열교환기와 원리가 같

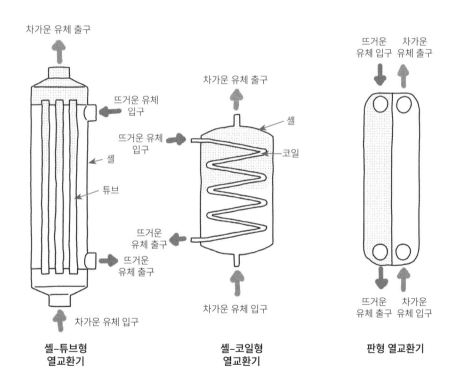

그림16 플랜트에서 사용하는 열교환기의 종류

다. 뜨거운 증기나 액체를 넣어주면 가열 열교환기가 되고, 냉각수나 냉매를 넣어주면 냉각 열교환기가 된다. 플랜트에서 사용하는 열교환기에는 셸-튜브형 열교환기와 판형 열교환기가 있다. 이외에도 셸-코일형(코일다발형) 열교환기 같은 특수 열교환기가 있다. 열전달 면적은 극대화하면서 극저온과 고압에도 견딜 수 있는 특수 열교환기는 LNG같이 매우 낮은 온도의 열교환을 효율적으로 할 수 있게 만들어준다.

플랜트에서 냉각 열교환기를 활용할 때는 다음과 같은 점을 고려해야 한다.

첫째, 적절한 냉매를 선택하고 관련 시스템을 잘 구성한다. 냉각 열교환기는 차가운 물질을 계속 만들어서 넣어야 온도가 높은 제품을 냉각시킬 수 있다. 냉매는 보통 할로겐 원소를 포함하는 유기화합물로, 매우 안정적이라서 폭발성이나 인화성이 없고 독성도 없으며 냄새도 나지 않는다. 과거에는 프레온가스라고 불리는 CFC 물질을 활용하다가 오존층 파괴 문제로 사용이 금지되었다. 현재는 다른 형태의 할로겐 유기화합물을 사용한다. 냉각 열교환기의 냉매는 차가운 상태로 알맞은 유량을 넣는다. 만약 한 번만 쓰고 버린다면 엄청난 폐냉매가 생길 것이다. 수도꼭지에서 나오는 냉수로 뜨거운 것을 계속 냉각시켜야 한다면 물을 계속 틀어놓으면 되겠지만 그만큼 막대한 물이 소비되는 것처럼 말이다. 그래서 냉매 시스템은 재활용하거나 적절한 온도의 냉매를 계속 만드는 순환형으로 구성되어 있다.

플랜트에서 냉매를 상온과 비슷한 수준으로 만들 땐 공기로 열을 식히는 공랭식 냉각기를 활용한다. 섭씨 40도로 만들어진 냉매가 뜨거운 물질을 식히고, 섭씨 70도로 높아진 상태로 돌아온다고 해보자. 이를 또 다른 공랭식 냉각기에서 물을 분무해 공기와 접촉시킨 뒤 다시 섭씨 40도로 만들어 공급할 수 있다. 공랭식 냉각기의 팬을 돌릴 만큼의 전기만 사용하면 계속 냉각수를 만들어서 순환시킬 수 있다.

그런데 냉매를 이보다 더 낮은 온도로 낮춰야 할 때도 있다. 냉장고나 에어컨에도 적용된 냉매 시스템이다. 이 시스템에서는 먼저 냉각 열교환기에서 쓰인 뒤 뜨거워진 상태로 돌아온 냉매(보통 기체 상태)를 압축한다. 그리고 압력과 온도가 높아진 냉매를 공기와 간접적으로 접촉시켜 온도만 낮춘 다음, 상온이 된 냉매의 압력을 급격히 낮춘다. 그러면 줄·톰슨 효과가 나타나면서 온도가 영하까지 낮아진다. 어떠한 냉매를 쓰느냐, 압력을 얼마나 높였다가 떨어뜨리느냐, 예비 냉각을 얼마나 거치느냐에 따라 섭씨 영하 200도 아래까지도 낮출 수 있다. LNG나 액화수소, 액화질소 제품을 만들어내는 플랜트가 이와 같이 매우 복잡하고 높은 압력에서 가동되는 냉매 시스템을 활용한다.

대부분의 냉매 시스템은 순환형으로 설계, 제작해 간접적이든 직접적이든 열을 외부로 배출한다. 외부로 배출하는 물질의 상태는 공기일 수도 있고 바닷물일 수도 있다. 플랜트에서 냉각 열교환기는 한두 군데 적용되는 것이 아니고, 대부분 매우 많은 냉매를 활용하므로 냉매 시스템 자체의 크기가 크고 아주 중요한 유틸리티 시스템이다.

전도나 대류 현상을 기반으로 하는 냉각뿐만 아니라 기화 현상을 기반으로 하는 냉각도 있다. 기화 현상을 기반으로 하는 냉각은 산업 플랜트에서 다양하게 활용된다. 공사장에서 일부러 땅에 물을 뿌려서 시원하게 만드는 것이나 뜨거운 장치를 식힐 때 스프레이로 물을 뿌려주는 예를 들 수 있다. 둘 다 기화 현상을 활용해 다소 빠르게 열을 식히는 방법이다.

유용하게 활용하는 기화 현상이 때로는 단점이 될 수도 있다. LNG를 탱크에 채울 때는 온도를 서서히 냉각시키면서 채운다. 탱크에 영하 160도 이하인 LNG를 주입할 때 갑자기 차가운 액체가 들어오면 탱크에 문제를 일으킬 뿐만 아니라 LNG가 기화되면서 더욱더 온도가 떨어질 수 있기 때문이다. 심하면 탱크의 강도가 약화되어 쉽게 깨지고, 잘못하면 가스가 다량 새어나갈 수 있다. 따라서 기화 현상에 따른 냉각이 적용되는 곳은 항상 안전에 주의하며 운영하고 관리해야 한다.

미세한 고체 입자를
걸러주는 필터

미세먼지를 거르는 공기청정기와 마스크

　　미세먼지는 이제 일상에서 신경 쓰지 않을 수 없는 중요한 문제다. 미세먼지는 수 마이크로미터 크기 이하의 미세 고체 입자를 통틀어 일컫는 물질로, 모래 입자부터 자동차에서 뿜어나오는 산화물 입자까지 포함된다. 오랫동안 미세먼지를 흡입할 경우 폐 기능을 악화시키는 등 건강에 심각한 문제를 일으키고, 봄처럼 특정 시점에는 해외에서 날아오는 미세먼지 때문에 많은 사람이 고통받기도 한다.

　　그럼에도 미세먼지는 원천을 차단하지 않는 이상 사실상 특별한 대책이 없다. 지금으로선 밖에서는 마스크를 쓰고, 가정에서는 공기청정기로 미세먼지를 걸러내는 방법뿐이다. 이 두 가지는 꽤 효율적인데, 미세먼지를 거르는 필터 역할을 하기 때문이다. 마스크와 공기청정기가 우리 몸속 폐의 역할을 하는 것이다. 폐는 몸에 들어오는 공기를 필터링해 불순물은 걸러내고 순수한 산소를 전달해준다.

마스크와 공기청정기는 무엇보다 기체에 들어 있는 고체 입자를 걸러 주는 필터가 중요하다. 그런데 필터를 계속 쓸수록 필터에 걸리는 고체 입자가 많아지고, 고체 입자가 가득 찬 포화 상태에 이르면 제대로 성능을 발휘할 수 없다. 그래서 일정 시간이 지나면 마스크나 공기청정기 필터는 주기적으로 교체해야 한다.

마스크와 공기청정기의 성능은 필터 크기에 따라 달라진다. 구멍이 큰 필터를 사용하면 그보다 작은 크기의 고체 입자는 필터를 그냥 통과하므로 기능적으로 떨어진다.

마스크는 필터가 촘촘한 정도와 필터링 능력에 따라 등급이 나누어져 있다. 우리나라에서 정한 마스크의 등급은 KF80, KF94, KF99 등인데, 숫자가 높을수록 성능이 좋다. KF80은 평균 0.6마이크로미터 크기를 가지는 미세입자를 80퍼센트 이상, KF99는 평균 0.4마이크로미터 크기를 가진 미세입자를 99퍼센트 이상 걸러낼 수 있다는 뜻이다. 마스크는 대부분 폴리프로필렌을 아주 미세한 실로 만들어서 이를 부직포처럼 만든 뒤 두세 겹 이상 겹친 것이다. 마스크의 필터가 촘촘할수록 미세입자를 거르는 성능은 좋지만 그만큼 숨을 쉬기 어렵다는 단점이 있다.

공기청정기는 공기 속 먼지나 세균 등을 걸러내 공기를 깨끗하게 하는 제품이다. 공기청정기의 필터 성능이 좋을수록 해당 공간에 머물러 있는 미세먼지뿐만 아니라 여러 종류의 고체 입자를 제거할 수 있다. 공기청정기의 흡입 장치와 배출 장치가 그 역할을 하므로 제품 성능이 중요하다. 다만 성능을 좋게 만들수록 더 비싼 장치와 필터를 써야 해서 경제성이 떨어진다는 단점이 있다.

⚙──• 플랜트에서 필터는 어떻게 쓰일까

플랜트에서 필터는 아주 다양한 곳에 쓰인다. 여러 물질을 분리해 순도가 높은 제품을 생산해야 하기 때문이다. 우선 필터는 액체의 압력이나 속도를 높여주는 펌프에 들어 있다. 펌프 앞부분에는 반드시 스트레이너 Strainer라는 필터 역할을 하는 장치가 있다. 펌프는 임펠러를 돌려 유체의 에너지를 증가시키는데, 임펠러에 계속 고체 입자가 부딪히면 손상을 일으킨다. 스트레이너는 사람 눈에 보이는 수준의 고체 입자를 제거해주어 이러한 문제를 미리 방지한다. 부엌 싱크대 배수구에 있는 거름망을 떠올리면 된다. 눈에 잘 안보이는 미세한 고체 입자까진 걸러내지 못하지만, 조금 큰 크기의 고체 입자를 걸러냄으로써 플랜트를 운전할 때 생길지 모를 문제를 줄일 수 있다.

펌프의 앞부분에서 눈에 보이는 고체 입자를 걸러낸다면, 공기청정기 필터같이 눈으로 보이지 않는 수준의 미세 고체 입자를 걸러내는 필터 장치도 있다.

필터는 플랜트에서 생기는 미세먼지를 제거하는 것은 물론이고, 유체 내에 존재하는 다양한 불순물을 제거하는 데에도 활용한다. 그런데 한 번 필터에 붙은 고체 입자는 제거하기 어려워서 소모품인 경우가 많다. 필터의 성능이 떨어졌다는 것은 필터 앞부분과 뒷부분의 압력 차이를 측정했을 때 압력이 과도하게 높아지는 현상을 통해 알 수 있다. 이를 측정하려면 필터의 앞뒤에 압력을 측정하는 계기를 설치하고 압력 차이를 꾸준히 모니터링한다. 만약 압력이 과도하게 높아진다 싶으면 운전원이 필터를 교체한다.

마스크나 공기청정기 같은 물리적 필터링이 아닌 화학적 필터링도 있다. 음이온 공기청정기처럼 전기적 성질을 활용하거나 오존을 활용해 오염물질을 분해하는 방식이 대표적인 화학적 필터링이다. 화학적 필터링을 할 때는 물리적 필터링처럼 압력 차이로 성능 저하 여부를 알 수 없는 경우도 있다. 이런 경우에는 입자가 어느 정도 있는지 측정하는 분석기를 설치해 파악한다. 걸러내고자 하는 물질이 더 이상 걸러지지 않으면, 걸러낼 화학물질의 존재 여부를 확인할 수 있는 가스크로마토그래피 같은 분석기를 통해 검출될 때 필터를 교체하는 것이다.

11

열전달 원리로 물질을
가열해주는 가열 장치

⚙— 열전달 원리를 이용한 보일러

　음식을 만들 때 쓰는 가스레인지와 전자레인지, 에어프라이어, 그리고 난방을 위한 보일러와 난로는 모두 열에너지를 사용한다. 이들은 화석 연료나 전기로 열에너지를 내며, 앞서 설명한 전도, 복사, 대류라는 열전달 원리를 이용한다. 열에너지를 사용하는 이들 제품 가운데 보일러의 열전달 원리를 이해하기 쉽도록, 구체적 예를 통해 열전달 원리를 다시 살펴보자.

　우선 전도는 고체 매체를 통해 열에너지가 전달되는 원리이다. 일례로 전통 난방 방식인 온돌이 있다. 아궁이에 불을 때면 방바닥의 돌이 달구어지면서 열에너지가 방 전체 온도를 높여준다. 가스레인지의 불꽃으로부터 그릇에 열이 전달되는 원리도 전도다.

복사는 뜨거운 매체로부터 방사되는 열에너지로, 우리가 태양으로부터 받는 에너지가 복사에너지이다. 한여름에는 집에 있어도 뜨거워진 지붕으로부터 복사에너지가 전달된다. 또한 전자레인지나 에어프라이어를 쓸 때 전자기 복사를 통해 직접 열매체와 닿지 않더라도 음식을 데우거나 조리할 수 있다.

마지막은 대류로, 액체와 기체에서 열에너지가 흐르듯이 전달되는 원리다. 온도차가 나면 밀도 차이가 발생하면서 물질과 열에너지가 순환한다. 가스레인지로 냄비 속 물을 데울 때 직접 불과 닿는 금속 부분은 전도를 통한 열전달이 이루어진다. 그런데 냄비에 담긴 물은 따뜻해진 아랫부분의 물이 부피가 커지면서 상대적으로 가벼워져 위로 올라가고, 위에 있던 차가운 물은 아래로 내려오는 대류 현상을 되풀이하면서 물 전체가 데워지는 것이다.

이러한 열전달 원리가 보일러에 어떻게 적용될까? 보일러는 가스나 등유를 태워 열에너지를 발생시키고, 이를 복사와 대류로 보일러수에 전달한다. 그러면 뜨거운 물이 전도를 통해 집 바닥에 설치된 배관에 공급되어 방 전체를 따뜻하게 만든다. 바닥이 따뜻해지면 바닥 바로 위에 있는 공기가 데워지며, 대류 현상으로 인해 온도가 높아지고 밀도가 낮아진 공기는 천장으로 이동한다. 즉 따뜻한 공기는 위로 올라가고, 차가운 공기는 밑으로 내려와 데워지는 순환이 일어나면서 집 전체가 따뜻해지는 것이다.

⚙️──• 플랜트에서 가열 장치는 어떻게 쓰일까

플랜트에서는 각종 물질을 데우거나 식히는 과정이 꽤 많다. 그래서 열전달 원리를 기반으로 하는 열교환기 장치를 많이 사용한다. 앞서 설명한 냉각 장치에서는 전도와 대류 원리를 기반으로 온도를 낮추고자 하는 물질이나 제품을 냉각한다면, 가열 장치에서는 전도, 대류, 복사 원리를 기반으로 온도를 높이고자 하는 물질에 열에너지를 준다. 냉각 장치로 활용했던 셸-튜브형 열교환기와 판형 열교환기가 가열 장치로도 사용되며, 이와 함께 복사 원리를 활용하는 가열로도 사용된다.

플랜트에서 가장 널리 쓰이는 열교환 장치는 셸-튜브형 열교환기(85쪽 그림 참고)이다. 뜨거워져야 하는 유체가 열교환기의 아래로 들어가면 튜브를 거친 후 다시 돌아와 밖으로 나간다. 동시에 이를 데워주는 유체는 오른쪽 위의 몸체로 들어와 튜브 밖을 데워준 후 아래로 나간다. 이때 튜브를 통해 전도와 대류 원리를 기반으로 열에너지가 전달된다. 다시 말해 고체 매질인 튜브를 통해 전도 원리로 열에너지가 이동하고, 튜브 내외부의 유체를 통해 대류 원리로 열에너지가 전달된다.

판형 열교환기도 알루미늄 같은 고체 판을 사이에 두고 유체가 이동한다. 판을 통해서는 전도 원리로 열에너지가 이동하고, 해당 판 내외부의 유체에서는 대류 원리로 열에너지가 교환된다.

일종의 버너인 가열로는 복사 원리를 활용한다. 가열로는 천연가스나 기름을 태워 열에너지를 발생시킨다. 연료를 태워 화염이 발생하면 매우 뜨거운 열에너지가 나오고, 튜브에 직접 복사열이 전달되어 튜브 내부에 있는 유체를 가열할 수 있다. 가열로는 직접 연료를 태워 열을 전달하므로 셸–튜브형 열교환기보다 좀 더 높은 온도로 가열할 수 있다는 장점이 있다.

이러한 열교환기는 무엇보다 효율성과 수명을 책임지는 유지관리와 청소가 중요하다. 내부에 높은 온도의 유체가 흐르면 금속과 달라붙기도 하고, 부식과 침식이 생기기도 한다. 부식은 특히 산성이나 부식성 유체를 다루는 열교환기에서 큰 문제가 될 수 있다. 부식을 최소화하려면 열교환기에 적합한 재료를 선택하고, 부식 방지 코팅을 하거나 부식 억제제를 바르는 등 조치를 해주어야 한다. 더불어 부식이 생기진 않았는지 내부 표면을 검사하고 청소한다. 열교환기 부품 가운데 배관이나 이음매 접합부에 넣는 얇은 판 모양의 밀봉재인 개스킷, 개스킷과 같은 역할을 하는 고리 형태의 밀봉재인 O–링은 때마다 교체한다.

파울링fouling이 생기지 않게 관리하는 일도 매우 중요하다. 파울링은 열교환기 표면에 불순물이나 물질이 축적되는 현상으로, 장비의 효율성을 감소시키고 시간이 지날수록 열교환기에 손상을 일으키기 쉽다. 표면 오염을 방지하기 위해 유체의 유속과 온도를 제어하고 정기적으로 청소한다.

또한 열교환기의 압력 강하를 최소화해야 한다. 압력 강하란 유체가 들어갈 때 압력과 나올 때 압력의 차이를 말하는데, 압력 강하가 높으면 효율이 감소하고 에너지 소비가 증가한다. 이를 방지하려면 유체에 알맞은 크기와 디자인을 가진 열교환기를 선택하고, 유체의 유속과 온도를 최적화하는 것이 중요하다.

마지막으로 열충격을 방지한다. 열충격이란 열교환기에 손상을 줄 수 있는 급격한 온도 변화를 말한다. 열충격을 방지하려면 유체의 유속과 온도를 적절하게 제어하고 열충격에 견딜 수 있도록 설계된 열교환기를 선택한다.

열교환기는 유체를 가열하기 위해 에너지를 활용하므로 적지 않은 비용이 든다. 수십 년간 플랜트를 운영한다고 가정할 때, 얼마나 효율적으로 열교환기를 설계하고 운영하느냐에 따라 플랜트의 경제성이 좌우될 수 있다.

12

기체를 이동시키는 팬과 블로어

⚙ ── 작동 원리가 비슷한 선풍기와 환풍기

한여름 선풍기는 에어컨 못지않게 꼭 필요한 가전제품이다. 에어컨에 비해 비교적 구조가 단순해 보이는 선풍기는 어떠한 원리로 시원한 공기를 만들어주는 걸까?

선풍기의 구조는 아주 단순하다. 기본적으로 몸체가 있고, 몸체 안에 모터가 들어 있으며 이와 연결되어 회전하는 팬이 있다. 몸체에 달린 스위치, 리모컨을 활용해 팬의 회전 강도를 조절할 수 있다.

선풍기는 팬을 회전시켜 바람을 만들어준다. 펌프가 액체에 에너지를 가해 이동시킨다면 선풍기는 기체인 공기에 에너지를 가한다. 펌프는 액체의 압력을 높여주지만, 선풍기는 압력에너지 대신 공기의 속도에너지를 높여준다. 가만히 있던 공기에 속도를 가해 앞으로 나아가게 만든 바람을 쐬면 우리 몸에 있던 열에너지가 발산되어 시원함을 느끼는 것이다. 선풍기보다 좀 더 강하게 공기를 순환시키는 서큘레이터, 화장실 환풍기도 선풍기와 비슷한 원리로 작동한다.

⚙️── 플랜트에서 팬과 블로어는 어떻게 쓰일까

플랜트에도 선풍기의 작동 원리를 활용하는 장치가 있다. 식품을 만드는 플랜트에서는 온도를 낮추기 위해 선풍기 같은 대형 팬으로 열을 식힌다. 플랜트 내부의 더럽거나 오염된 공기를 외부로 배출할 때도 팬을 활용한다.

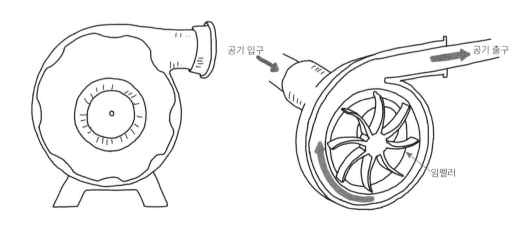

공기 입구

공기 출구

임펠러

그림17 블로어의 형태와 작동 원리

기체를 어딘가로 이동시킬 때는 블로어Blower라는, 팬이 들어 있는 장치를 활용한다. 기체에 큰 에너지를 주려면 좀 더 복잡한 압축기를 활용해야겠지만, 블로어는 기체에 적당한 압력을 가해 흐르게 할 때 필요하다. 블로어는 주로 플랜트에서 나오는 배기가스에 약간의 에너지를 주어 대기 중으로 내보낼 때 사용한다. 화력발전소는 보일러로 섭씨 수백에서 수천 도에 이르는 배기가스를 만들고, 이를 통해 물을 가열하여 증기를 만든 다음 터빈을 돌려 전기를 생산한다. 물에 열을 내준 배기가스는 대기 중으로 배출해야 한다. 만약 배출시키는 압력에너지가 부족해 배기가스가 플랜트에 머무르게 될 경우 블로어를 활용할 수 있다. 고기를 구워 먹는 식당 내부에 여러 대의 팬이 설치되어 있지만, 모든 연기를 내보내기엔 역부족이어서 불판 위에도 흡입구를 설치하는 것이나 마찬가지이다. 곳곳에 설치된 흡입구는 모두 하나의 블로어로 연결되고, 블로어가 연기를 빨아들인 다음 밖으로 배출한다.

압축기도 블로어처럼 모터와 블레이드로 구성된다. 다만 기체에 높은 압력에너지를 주는 압축기는 블로어보다 훨씬 견고하게 제작되며, 내부 블레이드의 회전 속도가 훨씬 빠르고 블레이드의 개수도 좀 더 많다. 또한 기체에 압력을 가하면 온도도 높아지므로 중간중간 이를 식힐 수 있는 냉매가 흐른다. 이렇게 견고하고 복잡한 압축기는 매우 거대하고 소음도 아주 크다.

팬과 블로어의 핵심은 모터, 블레이드, 그리고 이들을 감싸고 있는 장치 구조물이다. 팬은 선풍기처럼 블레이드가 외부에 노출되어 있지만, 블로어는 블레이드가 구조물 안에 들어 있는 밀폐형이다. 기체가 외부로 유출되면 안 되는 경우가 많기 때문이다. 블로어의 구조나 형태는 제작사에 따라 다르지만 기능은 같다. 플랜트에서 필요한 곳에 적절히 사용하면 기체를 문제없이 흐르게 하거나 배출할 수 있다.

13
특정 성분만 분리해주는 추출 장치

⚙——·카페인이 없는 디카페인 커피를 만드는 법

　커피는 현대인들의 기호음료로 자리 잡았다. 그런데 카페인이 몸에 잘 맞지 않아 커피를 마시고 싶어도 못 마시는 사람들이 있다. 이런 사람들에게는 디카페인 커피가 도움이 된다. 본래 커피 원두에는 자연적인 카페인 성분이 많이 들어 있는데, 디카페인 커피는 볶지 않은 생두에서 카페인을 아주 약간만 남기고 제거한 커피이다. 디카페인 커피는 카페인만 제거하는 과정이 다소 까다롭고, 원두를 제대로 볶는 게 어려워서 일반 커피보다 풍미가 덜한 편이다.

　디카페인 커피를 만드는 가장 일반적인 방법은 화학 용매를 활용하는 것이다. 화학 용매로는 디클로라이드메탄, 아세트산에틸, 염화메틸렌을 활용한다. 카페인을 녹이는 능력이 탁월하고 용매를 사용한 뒤 원두에서 분리하기 쉽기 때문이다.

화학 용매를 활용하는 방법은 크게 두 가지로 나눌 수 있다. 첫째, 쪄 낸 원두를 용매로 여러 번 헹궈 카페인을 씻어내는 직접적 방법이다. 둘째, 원두를 물에 오래도록 담가둔 다음 그 물을 처리하는 방법이다. 화학 용매로 물속에서 카페인을 제거한 뒤 그 물을 다시 원두에 부어 기름과 맛을 재흡수시킨다. 두 가지 방법 모두 화학 용매는 안전하게 제거되지만, 카페인은 완벽하게 제거하기 어려워서 아주 약간의 양은 남아 있다.

화학 용매 대신 물과 탄소 필터를 이용하는 스위스 워터 프로세스라는 방법도 있다. 먼저 원두를 뜨거운 물에 담가 카페인과 풍미 있는 성분을 추출한다. 그다음 원두는 버리고 카페인을 필터링할 수 있는 탄소 필터에 성분을 추출한 물을 통과시켜 카페인을 제거한다. 탄소 필터는 활성탄 필터라고도 하는데, 공기청정기에도 활용될 만큼 입자를 잘 거른다. 용매를 쓰지 않아 상대적으로 더욱 깊은 커피 향을 보존할 수 있지만, 상당히 번거롭고 처리 비용도 비싸다. 그래서 주로 고급 유기농 디카페인 커피에 사용하는 방법이다.

⚙── 플랜트에서 추출 원리는 어떻게 활용될까

플랜트에서 물질을 추출하고 분리하는 공정은 고품질 제품을 생산하고, 원하는 물질만 추출할 수 있어 소량이지만 치명적일 수도 있는 오염물질을 제거해준다.

많은 플랜트 가운데에서도 추출 공정은 화학 플랜트에서 자주 활용한다. 유용하거나 가치 있는 화학물질을 원료나 폐기물로부터 분리하기 위해서이다. 추출 공정은 물리적 방법과 화학적 방법을 조합한다. 어떤 방법을 선택할지는 화학물질의 종류, 형태, 원하는 제품의 순도나 조성에 따라 다르다.

가장 일반적인 추출 방법으로는 침전 추출, 화학 용매 추출이 있다. 침전 추출은 화학물질을 고체로 만들어 용액 밖으로 침전시키는 시약을 넣어 화학물질을 용액에서 분리하는 방법이다. 화학 용매 추출은 혼합물에서 원하는 화학물질만 용해시키는 용매로 혼합물로부터 물질을 분리하는 방법이다. 분리하고 싶은 화학물질만 효율적으로 분리할 수 있어 다양한 응용 분야에 활용되고 있으며, 고순도 화학물질을 생산하는 데 적합하다.

플랜트에서 활용하는 또 다른 추출 방법에 대해서도 알아보자.

우선 초임계 유체 추출이 있다. 고압에서는 이산화탄소가 일반적인 기체가 아닌 초임계 유체로 전환된다. 초임계 유체란 액체도 기체도 아닌 특수한 상태인데, 용매의 특성에 따라 초임계 상태가 되면 추출 효과가 아주 커진다. 초임계 이산화탄소 용매는 유기물질(오염물질)만 녹이는 성질을 가지고 있어 세탁에도 활용된다. 플랜트에서는 초임계 유체로 다양한 재료에서 원하는 화학물질만 추출한다. 원하는 화학물질을 추출하고 난 뒤 이산화탄소의 압력을 낮추면 다시 기체가 되는데, 이를 통해 추출된 물질과 분리할 수 있다. 기체 상태의 이산화탄소는 고압으로 압축해 추출 공정에 재활용하기도 한다.

액체-액체 추출 방법도 있다. 플랜트에서 두 가지 이상의 액체가 섞인 혼합물을 분리할 때는 주로 증류를 활용한다. 물과 알코올이 섞인 용액을 가열하면 끓는점 차이에 따라 알코올이 먼저 기체가 되므로 분리할 수 있다. 그러나 끓는점이 비슷해 둘 다 기체가 되면 분리하기 어렵다. 이런 경우에 먼저 용매로 원하는 물질을 추출한 다음 증류 등의 방식으로 분리하면 된다.

플랜트에서 추출 방법을 활용할 때 유의해야 할 점이 있다.

첫째, 어떤 물질만 선택적으로 추출하려면 분리하고자 하는 물질의

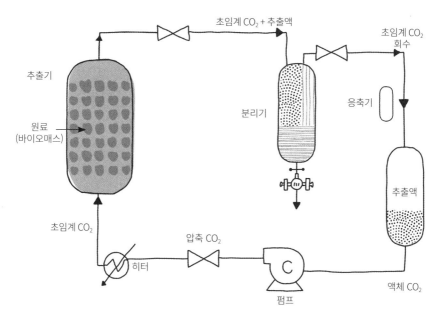

그림18 초임계 유체 추출 방법

밀도, 면적, 비등점, 증기압 같은 물성을 잘 파악하고, 여기에 알맞은 용매와 공정을 선택한다. 용매와 공정을 잘못 선택하면 추출이 제대로 이루어지지 않거나 원하는 만큼 추출, 분리할 수 없다.

둘째, 분리하려는 물질 사이에 상호작용이 나타날 수도 있으므로 추출 과정에서 고려한다. 분리하려는 물질이 화합물일 경우 추출을 잘못 적용했다가 분해나 반응이 일어날 수 있고, 심각한 경우 급격한 반응이 발생해 온도와 압력이 비정상적으로 높아져 화재나 폭발이 일어날 수도 있다.

셋째, 추출하고자 하는 물질의 양에 따라 화학 용매의 양이 결정된다. 너무 많은 화학 용매가 들어갈 경우 비용도 크게 늘어난다.

넷째, 선택한 화학 용매가 불완전하면 계속 재활용해야 하는 용매를 몇 번 쓰지도 못하고 교체해야 한다. 또한 화학 용매의 안정성이 떨어져 재활용하는 도중에 다른 물질이 되어버리면 앞서 이야기했듯이 분해나 반응이 일어날 수도 있다.

다섯째, 환경적 영향을 고려한다. 화학 용매를 아무리 재활용한다고 해도 몇 번 활용하고 나면 제대로 기능할 수 없어 결국 폐기해야 한다. 게다가 화학 용매가 아주 조금만 새어나가도 인체나 환경에 매우 유독한 물질이라면 더욱 엄격한 관리가 필요하다. 그런데 이 과정에서 비용이 더 든다면 대체 화학 용매 물질을 찾아야 한다.

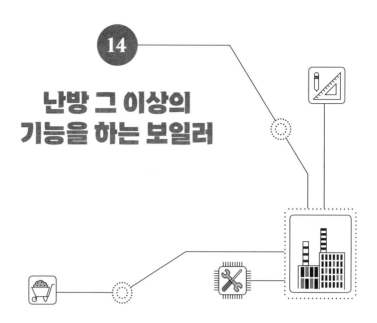

14
난방 그 이상의 기능을 하는 보일러

⚙️── 가정용 보일러는 어떻게 작동할까

    보일러는 물이나 기타 유체가 가열되는 밀폐 장치로, 주거용·상업용·산업용 환경에서 난방과 온수, 증기를 만든다. 보일러로 가열되거나 기화된 유체는 난방, 발전, 산업 공정 등의 응용 분야에 사용된다. 어떠한 종류든 보일러가 작동할 수 있는 핵심 원리는 열원에서 물로 열을 전달하는 것이다. 일반 가정에서 사용하는 보일러의 종류는 다양하다.

    우선 콤비 보일러는 난방과 온수를 공급하는 작고 효율적인 보일러다. 다른 보일러보다 공간을 적게 차지하며 소규모 주택이나 아파트에서 사용하기 좋다. 다음으로 별도의 온수 실린더가 없는 시스템 보일러도 중앙난방과 온수를 동시에 공급하는 작고 효율적인 보일러다. 집이 크거나 뜨거운 물을 많이 쓰는 사람들에게 좋다. 그리고 석유 연소 보일러는 기름으로 물을 가열해 난방을 공급한다. 가스 보일러보다 효율이 떨어지는 편이나 가스가 공급되지 않는 지역에 사는 사람들에게 유용하다. 마지막으로 전기 보일러는 전기로 물을 가열해 중앙난방과 온수를 공급하는 깨끗하고 효율적인 보일러이다. 전기를 사용하므로 오염물질이나 해로운 물질을 배출하지 않는다.

따라서 가정용 보일러는 원하는 출력 압력과 온도, 연료, 공간의 규모와 형태 등 사용자의 요구 사항에 맞춰 선택하면 된다.

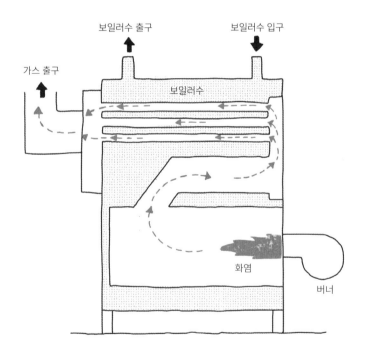

그림19 보일러의 작동 원리

⚙️——· 플랜트에서 보일러는 어떻게 쓰일까

보일러는 화학 플랜트, 발전소, 기타 산업 시설에서도 쓰인다. 난방, 발전 그리고 기타 응용 분야를 위해 증기를 가열하거나 만드는 데 필요하다. 보일러에서 생산된 증기는 터빈에 동력을 공급하고, 전기를 생산하는 에너지원이나 냉난방 시스템에 사용된다. 또한 보일러는 어떤 반응이 일어나는 데 필요한 열과 압력을 제공한다. 특히 화학 플랜트에서 사용하는 보일러는 화학물질과 석유화학 제품의 생산 과정에서 가열, 증류, 살균 같은 다양한 공정에 증기를 공급한다.

화학 플랜트에서 사용하는 보일러는 작동 방식에 따라 크게 다섯 가지가 있다.

첫째, 연관식 보일러는 연소 연료에서 나오는 뜨거운 가스를 활용해 내부를 둘러싼 관을 데우는 보일러다. 뜨거운 가스로 관 내부의 물을 가열해 증기로 바꾼 뒤 다른 물질을 가열하거나 증기 자체로 터빈을 돌려서 발전에 사용한다.

둘째, 수관식 보일러는 물로 채워진 관이 있으며, 관 외부에서 전달되는 화염이나 뜨거운 가스로 가열된다. 끓는 물에서 만들어진 증기는 난방이나 발전에 사용된다.

셋째, 패키지 보일러는 소규모 화학 플랜트에서 자주 사용되는 작고 단순한 보일러인데, 이미 조립된 상태로 출시되다 보니 설치가 쉬워서 소규모 산업 시설에 많이 사용된다.

넷째, 주철 보일러는 주철(철 합금)로 만들며, 주거용과 상업용 난방 시스템에 많이 사용된다. 내구성이 뛰어나 인기가 많다.

다섯째, 전기 보일러는 연료 대신 전기로 물을 가열하므로 많은 산업 시설에서 사용하기에 깨끗하고 효율적이다.

보일러는 플랜트를 안전하고 효율적으로 운영하는 데 반드시 필요한 온도, 압력 조건을 유지시켜준다. 보일러의 신뢰성(고장 나지 않고 잘 작동하는 능력)과 안전성은 화학 플랜트의 원활하고 지속적인 운영, 그 가운데 열에너지 공급을 보장하는 중요한 요소이다. 보일러 시스템이 고장 날 경우 플랜트 내에서는 열에너지나 증기를 생산할 수 없어 운영에 차질이 생길 뿐만 아니라, 만약 대형 보일러가 폭발한다면 인명과 환경에 심각한 피해를 줄 수 있다.

모든 보일러는 종류와 상관없이 효율성, 신뢰성과 안정성을 충족하도록 설계하고 제작해야 한다. 보일러가 사계절 내내 안전하고 효율적으로 작동하려면 무엇보다 정기적인 관리가 중요하다. 청소와 부품 교체 작업에 신경 쓰는 한편, 꾸준히 보일러의 성능을 점검하고 계속 작동할 수 있도록 유지보수한다.

15
물질을 골고루 섞고 휘젓는 교반기와 혼합기

⚙️ ── 빨랫감을 휘젓는 세탁기, 음식을 섞는 믹서

교반기와 혼합기는 액체나 현탁액(알갱이가 용해되지 않고 액체 속에 골고루 섞여 있는 혼합물)을 혼합하고 휘젓는 데 사용하는 장치이다.

교반기가 내장된 가장 친숙한 제품은 세탁기이다. 세탁기 원통 중앙에는 앞뒤로 회전하면서 빨랫감과 물을 휘젓는 교반기가 있다. 교반기는 세제를 골고루 녹여서 빨랫감의 먼지와 얼룩을 제거하도록 돕는다.

일상에서 쉽게 접할 수 있는 혼합기로는 믹서가 있다. 믹서는 음식 재료를 섞거나 가는 데 사용하는 제품이다. 모터, 기어 시스템, 임펠러 등의 부품으로 이루어져 있으며, 물질의 혼합을 돕는 장치가 돌아가면서 음식물을 섞는다. 주요 부품은 플라스틱이나 유리 등으로 감싸여 있다.

교반기와 혼합기는 유체에 기계적 에너지를 가해 유체를 움직이고 혼합한다는 점에서 기본 원리가 같다. 그러나 장치를 활용하는 물질의 종류에 차이가 있다.

교반기는 일반적으로 꿀과 같이 섞기 어려운 고점도 액체를 혼합하고 액체의 균질성을 유지하는 데 사용된다. 프로펠러 모양의 임펠러가 회전하면서 액체에 원운동을 만들어 액체를 혼합한다. 원형의 운동에너지, 즉 기계적 에너지는 전기 모터와 기어 박스를 통해 공급되고 이 기어 박스가 교반기로 에너지를 전달한다. 전기에너지를 운동에너지로 바꾸는 것이다.

혼합기는 점도가 낮은 액체를 혼합하거나 고체를 액체에 용해할 때 그리고 고체를 분쇄할 때 사용한다. 액체에 난류(소용돌이)를 만들어 혼합하는데, 이때 혼합기도 교반기에서 쓰는 임펠러나 터빈 등을 사용한다. 기계적 에너지는 교반기와 마찬가지로 전기 모터와 기어 박스를 통해 공급된다.

⚙️── 플랜트에서 교반기와 혼합기는 어떻게 쓰일까

교반기와 혼합기는 물질을 혼합하거나 반응시키고, 때로는 분쇄하는 데 필수 장치라서 화학, 제약, 식품·음료 가공을 비롯한 많은 산업에서 활용된다. 최종 제품의 품질이 일관성을 유지하는 데 중요한 역할을 한다.

플랜트에서 사용하는 교반기는 회전축과 임펠러로 탱크 내부의 재료를 혼합하는 장치이다. 교반기의 탱크는 크기와 모양이 다양하다. 교반기에는 형태와 기능에 따라 방사형 흐름 교반기, 축류 교반기, 터빈 교반기 등이 있다.

혼합기는 회전 블레이드나 임펠러로 탱크 내부의 재료를 혼합하며, 교반기와 비슷하다. 그러나 교반기에 있는 둥근 막대기 모양의 샤프트(회전운동이나 직선 왕복운동으로 동력을 전달하는 부품)가 없고, 대신 탱크에 부착된 블레이드나 임펠러가 탱크 안에서 회전한다.

혼합기의 기능을 잘 보여주는 예가 페인트 혼합기이다. 페인트 제조 공정에서 페인트와 기타 액체를 혼합할 때 균일하게 휘저어주기 때문에 일관된 품질의 최종 제품이 나올 수 있다. 로션, 크림 등의 화장품을 혼합하는 데 사용하는 로션 혼합기는 혼합기로 원료를 섞지 않으면 화장품을

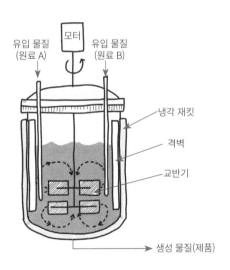

그림20 플랜트에서 사용하는 교반기

쓸 때마다 다른 성분이 나올 수도 있다.

재료를 완전히 혼합하기 위해 고속으로 회전하는 로터Rotor를 활용할 수도 있다. 그러나 재료를 너무 빨리 혼합할 경우 물질 자체의 성질이 변하거나 열이 발생할 수 있다.

플랜트에서 교반기와 혼합기를 사용할 때는 다음과 같은 점을 유의해야 한다.

첫째, 여러 유체를 잘 혼합하고 혼합기나 교반기의 손상을 방지하려면 점도, 밀도, 온도 등 혼합되는 유체의 특성을 고려한다. 끈끈한 물질을 빠르게 혼합하거나 휘저을 때는 그만큼 회전하는 임펠러의 강도를 높이고, 전기 모터가 그 에너지를 잘 전달할 수 있어야 한다. 그렇지 않으면 임펠러나 모터가 금세 손상된다.

둘째, 물질의 입자 크기를 균일하게 섞어주는 균질화, 로션이나 마요네즈처럼 한 액체(물) 내에서 섞이지 않는 다른 액체(기름)를 입자화하여 안정화시키는 유화, 기체·고체·액체에 또 다른 기체·고체·액체·이온이 퍼져 있는 분산 등 원하는 혼합 수준을 잘 결정해야 한다. 우유를 너무 빠르게 섞으면 지나치게 많은 거품이 생성되듯이, 어떤 혼합 수준이 필요한가에 따라 적절한 장치를 선택한다.

셋째, 전력 요구 사항도 중요하다. 교반기와 혼합기에 대한 전력 요구 사항은 유체의 특성, 혼합 수준과 용기의 크기에 따라 결정된다. 교반기와 혼합기에 과도한 전력을 공급하면 에너지가 지나치게 소비되고 장비가 손상될 수 있다. 또한 끊임없이 전기에너지를 사용하는 장치이므로 운영비가 많이 들 수 있다.

넷째, 교반기와 혼합기는 혼합되는 화학물질, 혼합이 이루어지는 용기와 호환되어야 한다. 일례로 부식성이 심한 물질을 혼합해야 하는데, 임펠러의 재질을 잘못 선정하면 임펠러도 빨리 부식되기 때문이다. 재질의 부식성에 대비하기 위해 재료 자체를 금속 함량이 높거나 제조 과정이 복잡해 비싼 것으로 선정할 수도 있고 부식 방지 코팅으로 보호할 수도 있다.

　　다섯째, 혼합되는 유체의 손상, 오염을 방지하려면 교반기와 혼합기를 정기적으로 청소하고 관리한다. 물질과 직접 닿는 장치라서 오래 쓰면 그 안에 물질이 쌓이게 된다. 이와 함께 장치가 마모되지는 않았는지 검사하고, 모터나 샤프트 같은 내부 구성품이 제자리에 있는지도 확인한다. 임펠러와 다른 움직이는 부품에 마모를 방지하기 위한 윤활유가 도포되었는지도 살펴보아야 한다.

고체 물질을 나르는 컨베이어

16

⚙️──· 러닝 머신은 어떻게 움직일까

컨베이어는 물건을 한 곳에서 다른 곳으로 운반하기 위한 장치이다. 컨베이어가 사용된 생활 제품으로 러닝 머신이 있다. 많은 사람이 헬스장이나 집에서 러닝 머신의 컨베이어 벨트 위를 달리면서 운동한다. 컨베이어 벨트는 모터, 회전봉, 보드, 벨트 등으로 구성되어 있다. 모터가 회전하면서 회전봉을 돌리고, 이 회전봉과 맞닿아 있는 벨트가 움직이는 것이다. 벨트 자체는 유연한 고무 재질로 되어 있어 이를 받치는 보드가 있다.

이런 원리를 이용한 컨베이어는 여러 종류가 있다. 러닝 머신과 비슷한 벨트 컨베이어가 가장 널리 사용되는 컨베이어로, 제조와 운송 분야에서 많이 쓰인다. 벨트 컨베이어는 직선 경로를 따라 물체를 이동시키며 고무, PVC 같은 재료로 만든 벨트를 사용한다. 크고 무거운 짐이나 상자를 한 장소에서 다른 장소로 옮기기에 편리해서 물류회사에서 짐을 나르거나 플랜트에서 최종 생산된 포장 제품을 나를 때 많이 사용한다.

롤러 컨베이어는 작은 원통형 롤러를 사용해 수평, 경사 경로를 따라 물체를 이동시킨다. 역시 크고 무거운 물체를 나를 때 사용하며, 창고와 유통 센터에서 흔히 볼 수 있다.

체인 컨베이어는 체인과 스프로킷(체인 휠)을 이용해 경로를 따라 물체를 이동시킨다. 이 컨베이어는 제조 공장에서 중장비, 원자재 이동 같은 작업에 자주 사용한다.

스크루 컨베이어는 회전 스크루로 수평 또는 경사진 경로를 따라 물체를 이동시키며, 식품 가공, 화학 제조 산업에서 분말, 과립이나 기타 작은 물체를 운반할 때 사용한다.

위에서 말한 컨베이어는 대부분 전기에너지로 움직인다. 반면 공기 압력 컨베이어는 공기압으로 파이프나 튜브를 통해 물체를 이동시킨다. 식품이나 화학물질처럼 작은 물체를 운반하며, 식품 가공 플랜트와 화학 제조 플랜트에서 많이 볼 수 있다.

⚙── 플랜트에서 컨베이어 시스템은 어떻게 쓰일까

컨베이어는 플랜트에서 원료부터 중간 제품, 완제품을 운반하는 데 널리 사용된다. 컨베이어는 광범위한 재료와 중량을 가진 제품의 운반을 처리해줌으로써 플랜트의 전반적인 생산성과 효율성을 크게 향상시킨다. 또한 사람이 수행해야 하는 작업과 작업장에서 일어나기 쉬운 사고의 위험성도 줄여준다.

앞에서 여러 종류의 컨베이어를 살펴보았다. 이러한 컨베이어를 작동시키는 것은 컨베이어 시스템이다. 플랜트의 컨베이어 시스템에서 가장 중요한 핵심 장치는 컨베이어 벨트나 체인이 움직이도록 동력을 공급하는 모터이다. 모터를 컨베이어 벨트나 체인에 연결하면 벨트나 체인이 이동하는 데 필요한 회전력을 얻을 수 있다. 컨베이어 벨트와 체인은 물건을 제자리에 머무르게 하고, 미끄러지거나 처지는 것을 방지하는 롤러로 지지된다. 또한 컨베이어 시스템의 중추 역할을 하는 롤러를 단단히 고정하기 위해 컨베이어 시스템의 몸체에 장착된다.

컨베이어 시스템의 속도는 모터의 회전 속도를 조정해 제어한다. 처음부터 컨베이어가 특정 속도로 작동하도록 하거나 다양한 생산 공정의 요구 사항에 맞게 속도를 조정하도록 설계할 수 있다.

컨베이어 시스템의 기본 원리는 간단해 보이지만, 컨베이어 시스템의 설계와 제작 과정은 시스템의 크기, 용량, 적용 공정별로 상당히 복잡한 편이다. 플랜트의 컨베이어를 설계, 제작할 때는 안전하고 원활한 작동을 보장하기 위해 다음과 같은 사항을 고려한다.

첫째, 컨베이어 시스템은 운송할 화학물질과 호환되는 재료로 만들어야 한다. 컨베이어 시스템이 운반하는 물질과 반응하거나 오염되면 안 되기 때문이다. 유해 화학물질을 취급하는 화학 플랜트에서 특히 재료 호환성이 중요하다. 산성 화학물질을 취급하는 화학 플랜트라면 컨베이어 시스템은 부식에 강한 재료로 만든다.

둘째, 안전이 필수 조건이다. 화재에 견딜 수 있도록 내화성 컨베이어 벨트와 화재 진압 시스템 같은 적절한 설비를 갖춘다. 더불어 사고나 오작동에 대비한 비상 정지 시스템을 갖추는 것도 중요하다. 컨베이어 장치는 연속 운전 상태에서 매우 빠른 속도로 움직인다. 잘못하면 사람의 손이나 발이 끼어 사고가 발생할 수 있으므로 반드시 이에 대한 안전 조치를 취한다.

셋째, 플랜트는 컨베이어 시스템이 마모될 수 있는 열악한 환경이다. 컨베이어 시스템의 수명을 늘리고 오작동이나 위험을 방지하려면 컨베이어 시스템을 정기적으로 유지보수하고 검사한다. 여기에는 컨베이어 시스템 청소, 윤활제 사용, 마모되거나 손상된 부품 교체가 포함된다.

넷째, 컨베이어 시스템은 운반할 재료의 무게와 크기를 처리할 수 있는 부하 용량으로 설계한다. 컨베이어 시스템에 과부하가 걸리면 손상되는 것은 물론이고 사고 위험이 증가하며 효율성도 떨어진다. 따라서 시스템을 설계하기 전에 재료의 크기와 무게, 컨베이어 시스템의 작동 속도를 기준으로 올바른 부하 용량을 계산한다.

다섯째, 플랜트에서 생기는 먼지를 처리하는 작업은 분말이나 미립자 물질을 다루는 화학 플랜트에서 매우 중요하다. 운반 과정에서 발생하는 먼지는 작업자의 호흡기에 문제를 일으키고 화재나 폭발까지 불러올 수 있다. 이 문제를 예방하기 위해 컨베이어 시스템을 설계할 때 밀폐형 컨베이어를 사용하거나 먼지 억제 시스템을 적용한다.

17

고체를 부수고 갈아주는 분쇄기와 밀

⚙——· 채소를 다지고 커피 원두를 갈려면

분쇄기와 밀Mill은 재료를 작은 조각으로 부수고 갈아서 재료의 크기를 줄여주는 장치다. 일상에서 쓰이는 분쇄기로는 커피 원두를 가는 핸드 그라인더가 있다. 통 안에 원두를 넣고 손잡이를 돌려서 톱니를 회전시켜 원두를 분쇄한다. 블렌더 역시 가정에서 널리 사용하는 분쇄기이다. 일반 블렌더는 채소, 과일을 다지거나 여러 가지 음식 재료를 곱게 갈아 섞을 때 쓴다. 초고속 블렌더는 일반 블렌더보다 강력하고 회전 속도가 빨라서 얼음처럼 비교적 딱딱한 고체를 갈 때 쓴다.

분쇄기와 밀은 더 나아가 광물을 다루는 광산업, 돌을 쪼개거나 부수는 석재업, 건설, 재활용 및 폐기물 처리 산업에서도 활용된다. 이런 산업 분야에서 분쇄기와 밀은 덩어리로 된 재료의 크기를 균일하게 줄이는 동시에 표면적을 넓혀주어 가공의 효율성과 품질을 향상시킨다.

분쇄기의 핵심 원리는 압축이다. 분쇄기는 두 개의 큰 플레이트나 턱을 이용해 그 사이에 있는 재료를 분쇄한다. 플레이트 한 개는 고정되어 있는 고정판이고, 다른 한 개는 움직이도록 되어 있는 가동판이다. 가동판이 고정판에 눌리면 재료에 큰 힘이 가해져 더 작은 조각으로 부서진다. 반면 밀은 마모의 원리를 활용한다. 한 재료를 다른 재료에 반복적으로 때리거나 문지르는 것이다. 밀 내부에는 무거운 볼과 드럼이 있는데, 드럼이 회전할 때 볼이 재료를 갈아 더 작은 조각으로 부순다. 장치에 활용하는 핵심 원리는 다르지만, 두 장치 모두 재료의 크기를 줄여 취급, 운송, 가공을 더 쉽게 만드는 것이 목적이다.

⚙── 플랜트에서 분쇄기와 밀은 어떻게 쓰일까

플랜트에서 분쇄기는 기계적 힘을 가해 주로 큰 암석이나 광석의 크기를 줄여준다. 즉 추가 가공을 하기 위해 원료의 크기를 줄이거나 잘게 부수는 데 사용된다. 분쇄기와 밀은 고체를 다루는 플랜트의 작업 효율성과 제품의 품질을 개선해 궁극적으로 플랜트의 생산성과 수익성을 높여준다.

분쇄기와 밀은 종류에 따라 조금씩 다른 방식으로 작동하며, 분쇄 크기나 재료의 강도 등에 따라 다르게 설계되어 있다.

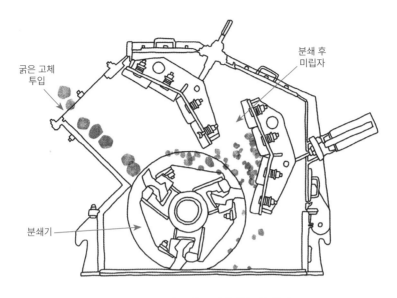

굵은 고체
투입

분쇄 후
미립자

분쇄기

그림21 플랜트에서 사용하는 분쇄기

　분쇄기는 크게 네 종류가 있다. 첫째, 조 크러셔^{Jaw crusher}는 광산업에서 큰 암석을 작은 조각으로 부수는 데 사용된다. 고정판과 가동판 사이에 광석이나 암석이 들어가면 강한 압축력으로 깨뜨린다. 광석이나 암석의 1차 분쇄용으로 많이 쓰인다. 둘째, 자이러토리 크러셔^{Gyratory crusher}는 조 크러셔와 작동 방식이 비슷하지만 원뿔 모양으로 생겼고, 더욱 단단한 암석을 부수는 데 사용된다. 셋째, 콘 크러셔^{Cone crusher}는 더 뾰족한 원뿔 모양이며 아주 미세한 분쇄에 사용된다. 마지막으로 임팩트 크러셔^{Impact crusher}는 마치 탁구공을 때려 벽에 맞추어 충격을 주듯이, 타격 판이 돌아갈 때 암석을 넣고 충격을 주어 파쇄하는 장치이다.

　밀은 회전 드럼으로 재료를 더 작은 입자로 분쇄한다. 일반적으로 분말, 과립 그리고 기타 형태의 미립자 물질을 생산하는 데 사용된다. 플랜트의 밀은 용기 안에 넣는 분쇄 매체에 따라 종류가 나뉜다. 우선 볼 밀^{Ball}^{mill}은 재료를 분쇄하기 위해 강철 볼 같은 분쇄 매체로 채운 회전 드럼을 사용한다. 용기를 돌리면 안에 든 원료가 강철 볼과 마찰되면서 미세한 분말로 분쇄된다. 광물 가공 산업과 세라믹 생산에 많이 활용된다. 로드 밀^{Rod mill}은 분쇄 매체로 긴 막대를 사용하는 반면, 해머 밀^{Hammer mill}은 빠르게 회전하는 해머로 재료를 분쇄한다.

플랜트에서 사용할 분쇄기와 밀을 선택하고, 이 장치들을 활용할 때는 다음과 같은 사항을 유의한다.

첫째, 플랜트에서 처리할 재료의 유형, 크기, 경도와 연마성은 분쇄기 선택에 상당한 영향을 준다. 예를 들어 큰 암석에는 1차로 조 크러셔가 필요하고, 작게 부순 암석에는 2차로 임팩트 크러셔가 필요할 수 있다. 믹서에 큰 덩어리를 가는 날이 따로 있고, 고운 입자로 분쇄하는 날이 따로 있는 것처럼 말이다. 모든 기능을 다 해내는 만능 장치는 없으므로 상황에 맞추어 필요한 장치를 조합해 활용한다. 이때 분쇄기와 밀의 용량은 플랜트에서 요구되는 처리 수준과 일치해야 장치의 효율성이 커진다.

둘째, 운전원과 유지보수 인력의 안전이 최우선이다. 아무래도 큰 고체를 다루고, 장치 자체가 회전하면서 작동하다 보니 자칫하면 운전원이 다칠 수 있다. 따라서 회전하는 부위를 막아주는 가드, 비상 정지 버튼 그리고 폭발 방지 밸브 같은 안전 조치가 마련되어 있어야 한다. 그리고 분쇄기와 밀의 마모된 부품은 그때그때 교체하고, 기계의 윤활과 청소가 잘되어 있는지 정기적으로 점검한다. 적절한 유지관리는 장비의 수명을 늘리는 데 도움이 된다.

셋째, 환경 문제도 중요하다. 고체를 분쇄하면 분진이나 소음이 발생한다. 이는 주변 환경에 심각한 영향을 줄 수 있으므로 플랜트에 먼지 억제 시스템, 방음벽, 환기 시스템을 설치한다.

18

플랜트의 모든 것을
측정하는 계기

🔧——▸ 생활에서 쓰이는 측정 도구

계기는 길이, 온도, 압력 등 물리적 특성을 측정할 때 쓰는 도구다. 계기는 일상생활에서 다양한 활동을 정확하고 효율적으로 수행할 수 있도록 도와준다.

대표적인 계기로, 온도를 측정하는 온도계가 있다. 가정, 의료 시설, 산업 환경에서 사용한다. 코로나바이러스감염증-19 팬데믹 시기에 체온을 측정하는 여러 온도계가 활용되었다. 센서로 측정한 전기적인 양을 디지털로 변환하여 표시하는 디지털 온도계, 적외선 에너지를 측정하는 적외선 온도계, 가는 유리관 속에 수은을 넣어 온도의 변화에 따른 눈금을 읽는 수은 온도계 등이 있다.

온도계보다 더욱 간단한 원리를 가진 계기로 눈금자가 있다. 길이나 거리를 측정하기 위해 플라스틱과 금속으로 만든 도구로, 인치나 센티미터가 표시된 눈금이 그려져 있다. 학교, 가정, 사무실에서 널리 사용된다.

다음으로 기압을 측정하는 기압계가 있다. 날씨를 예측하거나 날씨 변화로 인한 기압 변화를 모니터링하는 데 사용된다. 얇은 금속판으로 만든 진공 통의 변형을 이용해 측정하는 아네로이드 기압계, 유리관에 든 수은의 높이로 기압을 재는 수은 기압계 등이 있다.

유량계는 거의 모든 가정과 식당에서 볼 수 있다. 가스 배관 근처에 설치되어 있는 가스검침기가 바로 그것이다. 가스계량기는 누적형 유량계로, 특정 기간 동안 얼마만큼의 가스를 썼는지 숫자로 나타낸다.

물체와 사람 몸의 무게를 재는 저울도 계기의 한 종류이다. 전기적인 성질인 전압, 전류 그리고 저항 같은 물리적 속성을 측정하는 데에는 멀티미터가 쓰인다.

계기 대부분의 목적은 길이, 무게, 온도, 압력, 빛과 같은 물리량을 측정하는 것이다. 물리량은 사람이 직접 확인할 수도 있지만, 전기신호로 변환, 전송되어 숫자 값이나 그래프처럼 읽을 수 있도록 표시되기도 한다.

⚙ ── 플랜트에서는 어떤 계기들이 쓰일까

앞서 살펴본 다양한 계기는 플랜트에서 모니터링, 제어와 규제를 하는 기능을 한다. 물질의 온도, 압력, 유속, 레벨 그리고 화학 성분을 측정해야만 원하는 대로 제어하고 제품을 생산할 수 있어서, 플랜트에서 아주 중요한 구성품이다. 또한 안전하며 효율적인 화학물질을 생산하는 데 반드시 필요하다. 일반적으로 계기는 게이지Gauge와 같이 현장에서 사람이 즉시 확인할 수 있는 형태가 많다. 측정 데이터를 기반으로 신호를 전송해 컴퓨터 제어 시스템을 활용하는 원격 모니터링, 자동 제어를 할 때 활용하는 트랜스미터Transmitter로도 확인할 수 있다.

플랜트에서는 다음과 같은 계기들을 사용한다.

온도 계기는 현장에서 온도를 측정한 뒤 측정한 온도를 제어 시스템으로 전송한다. 온도 센서의 가장 일반적인 유형은 열전쌍과 저항 온도 감지기Resistance Temperature Detector, RTD이다. 열전쌍은 온도에 따라 접촉되는 금속 부분의 팽창이나 수축이 일어나면서 온도를 표시한다. RTD는 온도에 따라 달라지는 전기 저항을 온도로 바꾸어 표시한다. 온도 데이터를 송

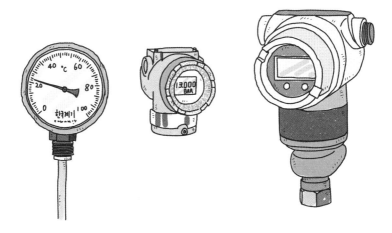

그림22 플랜트에서 사용하는 계기들

신하는 트랜스미터는 현장에서 확인할 수 있고, 이를 제어 시스템에 전송하면 중앙 제어실에서 확인할 수도 있다.

압력 계기는 압력을 측정해 현장에서 확인하거나 데이터를 제어 시스템으로 전송한다. 압력 센서의 가장 일반적인 유형은 게이지 압력 센서와 절대 압력 센서이다. 게이지 압력 센서는 나침반처럼 압력을 표시해주고, 절대 압력 센서는 측정한 압력 데이터를 제어실로 전송한다.

유량계는 액체, 가스 또는 슬러리(고체와 액체의 혼합물) 같은 다양한 유체의 유량을 측정하고 관련 데이터를 제어 시스템으로 전송한다. 여기서 유량은 플랜트에서 물질이 얼마나 흘러가는지를 말한다. 유량계에는 크게 정변위계, 터빈계, 와류계가 있다. 정변위계는 유체의 부피를 연속 송출해 측정하는 방식, 터빈계는 내부에 들어 있는 임펠러가 유체를 회전시켜 감지하는 방식, 와류계는 작은 기둥으로 유체에 소용돌이를 발생시켜 이를 감지하는 방식이다.

액위 계기는 액체의 수위를 측정한다. 가장 일반적인 유형은 액체에 둥둥 뜬 상태에서 측정하는 플로트 타입, 액체에 미량의 전기를 흘려 측정하는 정전 용량 센서 타입, 액체 위에 초음파를 쏘아 측정하는 초음파 타입 등이 있다.

마지막으로 물질의 성분을 측정하는 분석 계기인 분광 광도계, 가스 크로마토그래피, 질량 분석계가 있다.

이러한 계기는 정확한 측정 데이터를 제공하여 플랜트를 안전하고 효율적으로 운영할 수 있도록 하는데, 계기를 사용할 때 고려할 점이 있다.

가장 중요한 것은 적절한 보정이다. 계기를 사용하기 전에 올바르게 보정되었는지 확인해야 한다. 시계의 시간이 잘 맞는지 인터넷 시계와 비교해 차이가 나면 바로잡는 것처럼 플랜트의 계기도 어떤 기준과 비교해 보정해야 한다. 이렇게 하면 정확한 판독 값을 얻을 수 있고, 계기가 올바르게 작동하는지 확인할 수 있다.

또한 정기적인 유지관리는 계기가 최적의 기능을 유지하는 데 반드시 필요하다. 청소와 윤활은 물론이고 마모나 손상 징후가 있는지 정기적으로 점검한다.

다른 계기와의 간섭도 잘 살펴야 한다. 특정 계기는 전기신호나 진동 같은 간섭에 취약하다. 정확하게 측정하고 싶다면 간섭원을 줄이거나 제거한다. 아울러 계기를 선택할 때 측정 중인 공정이나 물질 유형과 호환되는지도 확인한다. 플랜트에서 쓰는 어떤 재료는 해당 특성에 맞춰 설계된 특수 도구가 필요할 수도 있다. 부식성이 심한 물질일 경우 계기가 제대로 기능할 수 없기 때문이다.

온도가 높거나 유독성·인화성 물질이 포함된 위험한 환경에서 계기를 사용할 때는 작업자가 안전하게 작업할 수 있도록 적절한 예방 조치를 취한다.

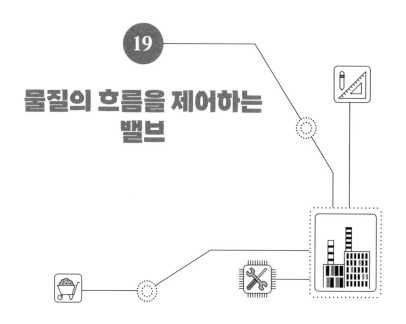

19

물질의 흐름을 제어하는 밸브

⚙️── 도시가스 밸브와 수도꼭지 밸브가 하는 일

    우리는 하루 동안 얼마나 많이 밸브를 조작하며 살까? 가스레인지를 쓸 때는 가스 밸브를 열거나 잠근다. 화장실이나 세면대에 있는 수도꼭지는 수없이 여닫으며 물을 쓴다.

    밸브는 가스나 액체 같은 유체의 양을 조절하거나 여닫을 때 쓰는 장치다. 가정에서 가장 많이 쓰는 밸브는 볼 밸브다. 가스나 수도꼭지에 달려 있는 밸브다. 볼 밸브에는 이름 그대로 볼이 들어 있다. 볼에는 한쪽으로 구멍이 뚫려 있어 유체를 흐르거나 흐르지 못하도록 한다. 보통 레버를 배관과 평행이 되도록 회전시키면 열림 상태이고, 배관과 90도가 되도록 회전시키면 닫힘 상태가 된다. 수도꼭지 밸브도 위아래로 올리거나 내리는 볼 밸브 형태가 많다. 이와 달리 주로 아파트 베란다에 있는 수도꼭지 밸브는 좌우로 돌리는 글로브 밸브이다. 밸브를 돌리면 가운데 있는 동그란 형태의 고무가 달린 부품이 올라가면서 물이 흐르게 된다. 글로브 밸브가 볼 밸브보다 상대적으로 물의 양을 미세하게 조절하기 쉽다.

⚙ ──→ 플랜트에서 밸브는 어떻게 쓰일까

밸브는 다양한 물질의 흐름을 조절하고 제어하므로 플랜트가 원활하게 작동하도록 해주는 필수 구성품이다. 다양한 물질을 적재적소에 흐르게 하거나 멈추게 할 때, 그 양을 조절할 때 필요하다. 또한 밸브는 오염, 화재와 폭발, 과도한 물질 반응 등이 확산되는 것을 방지하기 위해 플랜트의 특정 영역을 격리하는 데에도 활용된다.

플랜트에서 쓰는 밸브에는 볼 밸브와 글로브 밸브, 게이트 밸브, 체크 밸브 등이 있다. 각 밸브의 장단점을 잘 분석해 적당한 것을 선택한다. 이를테면 볼 밸브는 기밀성이 뛰어나 가스 밸브처럼 중요한 부분에 활용된다. 그러나 내부에 쇠구슬이 들어 있어 크기가 클수록 무겁고, 미세한 조절은 잘 되지 않는다는 단점이 있다. 글로브 밸브는 미세 조절용이지만, 내부 구조가 비교적 복잡한 편이라 여닫기만 하는 곳에는 굳이 적용하지 않는다.

밸브의 종류와 작동 원리, 사용되는 곳을 하나씩 살펴보자. 플랜트에서도 가장 널리 사용되는 밸브는 볼 밸브다. 볼 밸브는 유체의 흐름을 제어하기 위해 밸브 안에 속이 빈 구멍이 있는 회전식 볼을 넣어 사용한다. 기밀성이 아주 우수해서 중요한 원료와 연료, 가스와 기름 등을 제어하는 곳에 쓸 수 있다.

게이트 밸브는 밸브 안에서 직사각형이나 원형의 게이트를 위아래로 움직여 흐름을 차단하거나 허용함으로써 유체의 흐름을 제어한다. 가정에서는 잘 쓰지 않지만, 발전소에서 증기의 흐름을 제어하고 대규모 관개 시스템에서 물의 흐름을 조절하는 등 산업 응용 분야에서 많이 사용된다.

글로브 밸브는 흐름을 제한하거나 허용하기 위해 밸브 안 디스크나 팽이 모양의 구조물을 이용해 유체 흐름을 조절한다. 이러한 유형의 밸브는 가스 터빈의 연료 흐름을 조절하고, 난방 시스템의 온수 흐름을 제어하는 등 정밀한 흐름 제어가 필요한 응용 분야에 자주 사용된다.

버터플라이 밸브는 유체의 흐름을 제어하기 위해 중심축에서 회전하는 평평한 디스크로 작동한다. 볼 밸브나 글로브 밸브만큼 기밀성이 좋지는 않지만, 상당히 가볍고 작아서 누수만 아니면 문제가 없는 수처리 플랜트의 배관에 쓰인다. 물 흐름을 조절하거나 파이프라인의 기름, 가스 흐름 제어 같은 대규모 응용 분야에 사용된다.

밸브의 종류를 작동 방식으로 구분하기도 한다. 우선 수도꼭지처럼 사람이 직접 조작해야 하는 수동 제어 밸브가 있다. 위아래로 들었다 났다 하는 형태도 있고, 나사를 돌리는 형태도 있다. 수동 제어 밸브는 단순히 유체의 흐름을 차단하거나 흐르게 하느냐, 흐름을 조절하느냐에 따라 그 종류를 선택한다.

요즘에는 수도꼭지에 손만 갖다 대면 센서가 감지해 자동으로 물을

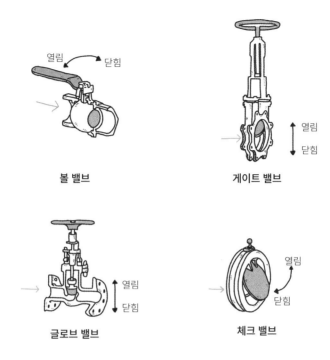

볼 밸브　　　　　　　　　　게이트 밸브

글로브 밸브　　　　　　　　체크 밸브

그림23 플랜트에서 사용하는 밸브의 종류

내보내는 자동 제어 밸브도 있다. 수도꼭지에 적용된 자동 밸브는 on/off 방식으로, 물이 나오거나 나오지 않도록 한다. 그런데 플랜트에서는 단순히 여닫는 것뿐만 아니라 유체의 유량을 조절해야 하는 경우가 많다. 이럴 때 미세하게 여닫기 위해 전기나 공기를 활용해 조절한다. 이러한 밸브에는 스템이라는 막대 모양이 있다. 스템은 밸브의 유체 흐름을 조절하는 플러그 부분과 밸브의 여닫음을 제어하는 액추에이터 부분을 연결해준다. 액추에이터는 공기, 전기가 공급되거나 방출되면서 스템을 들었다 났다 함으로써 유량을 조절하는 부분이다.

사람이 별도로 조작하지 않아도 기능하는 밸브도 있다. 대표적인 것이 체크 밸브로, 한쪽으로만 유체가 흐르게 게이트가 열리고 반대 방향으로 유체가 흘러오면 막히는 방식이다. 한방향으로만 유체가 흘러야 하고 역류하면 안 되는 곳에 사용한다.

플랜트에서 다양한 밸브 가운데 알맞은 것을 선택하고, 밸브를 사용할 때 주의해야 할 점이 있다.

첫째, 특정 응용 분야에 적합한 압력과 온도 등급을 가진 밸브를 선택한다. 밸브는 내부의 구조물이 움직이면서 유체의 흐름을 제어하므로 온도나 압력을 견딜 수 없으면 유체가 누출되거나 장치가 파손될 수 있다.

둘째, 화학 플랜트에서 밸브를 사용할 때는 밸브 구성 재료가 처리 중인 유체의 화학적 특성과 호환되는지 확인해야 한다. 밸브는 물질이 흐르는 배관과 같은 재료로 만드는 경우가 많다. 따라서 배관과 밸브는 내부에 흐르는 유체로 인한 부식 문제에 강해야 한다. 제대로 된 재료를 쓰지 않으면 밸브에 문제가 생겨 제대로 작동하지 않거나, 심하면 부식되어 구멍이 나 물질이 새어나올 수도 있다. 내부식성(부식에 저항할 수 있는 정도)을 높이려면 스테인리스강, 내부식성 합금 같은 재료를 사용한다. 이 밖에 코팅이나 전기화학적 방법으로 다른 금속을 먼저 부식시켜 보호하고자 하는 재료의 부식을 방지하거나 늦추기도 한다. 다만 이 방법은 추가 비용이 발생하기 때문에 상황에 맞게 적용한다.

셋째, 밸브가 안전하고 안정적으로 작동하는지 확인한다. 여기에는 밸브가 제대로 작동하고 비상 상황에서 빠르고 안전하게 닫히는지 확인하기 위한 정기적인 유지관리, 검사와 테스트가 포함된다.

넷째, 밸브는 유체의 흐름을 제어하는 기능 못지않게 누출을 방지하는 기능도 중요하다. 적절한 개스킷, 실Seal 등으로 밸브를 잘 밀봉하고 유체가 바깥으로 누출되지 않도록 한다.

20
플랜트 최후의 안전장치, 안전밸브

⚙ ── 압력밥솥에는 왜 추가 달려 있을까

요즘은 밥을 할 때 대부분 압력밥솥을 사용한다. 압력밥솥은 압력으로 밥을 짓는 도구다. 일반적으로 상압(1기압) 상태에서 물을 끓이면 섭씨 100도에서 끓는데, 압력을 조금 높인 상태에서 끓이면 더욱 높은 온도에서 물이 끓는다. 압력밥솥은 약 2기압 정도로, 섭씨 약 120도 정도에서 물이 끓는다. 온도가 높은 만큼 밥이 단시간 내에 잘된다. 그런데 산에서 냄비로 밥을 지으면 쌀이 제대로 익지 않을 때가 많다. 높은 산으로 올라갈수록 공기의 양이 줄고 기압이 낮아져 물이 더 낮은 온도에서 끓기 때문이다.

압력밥솥으로 밥을 지을 때 밀폐된 상태에서 열을 가하면 온도와 함께 압력이 올라간다. 그래서 압력밥솥에는 압력이 일정 수준 이상 올라가면 저절로 열리는 안전밸브가 설치되어 있다. 바로 압력밥솥 위에 달린 조그마한 종처럼 생긴 장치이다. 안전밸브는 보통 한두 개가 달려 있고, 압력이 정해진 값을 넘어 올라가면 밸브가 열리면서 수증기가 나온다. 참고로 전기밥솥은 자동 제어 기능이 있어서 어느 정도 전기를 공급하고 멈춘 다음 쌀을 익히고, 일정 시간이 지나면 안전밸브가 열리면서 증기를 배출한다.

간혹 압력밥솥의 안전밸브 스프링이 고장 나 계속 열려 있는 상태일 때가 있다. 그러면 압력이 높아지지 않고 밖으로 계속 새어나가 쌀이 잘 익지 않는다. 반대로 드물기는 해도 안전밸브가 막히거나 고장 나 뚜껑이 열리지 않는 경우가 있다. 이때는 밥솥 내부의 압력이 계속 올라가다가 결국 터지고 만다. 압력이 높아질 대로 높아진 상태에서 터지기 때문에 사람이 크게 다치거나 집안 전체가 쌀밥으로 뒤덮일 수 있다. 따라서 압력밥솥의 안전밸브는 주기적으로 청소하면서 관리해야 한다.

안전밸브는 우리 주변에서 흔히 찾아볼 수 있다. 뜨거운 물을 공급하는 가정용 온수기에는 온수 탱크의 압력이 너무 높아져 폭발하는 것을 방지하기 위해 안전밸브를 설치한다. 탱크의 압력이 안전 수준을 초과하면 밸브가 열리고, 초과 압력을 해제하여 안전을 지키는 것이다.

자동차 엔진에도 냉각 시스템의 압력을 제어하는 안전밸브가 있다. 압력이 너무 높아지면 안전밸브가 열려 과도한 압력을 방출함으로써 엔진과 다른 부품들의 손상을 방지한다. 또한 공기압축기에도 안전밸브가 있다. 앞서 살펴보았듯이, 에어건으로부터 나오는 고압의 압축공기는 공기

압축기로 만든다. 이때 과도한 압력 축적을 방지하기 위해 압력 완화 밸브를 넣는다. 압력이 한계를 초과하면 밸브가 열리고 과도한 압력을 방출해 폭발하지 않도록 하는 것이다.

⚙— 플랜트에서 안전밸브는 어디에 어떻게 쓰일까

플랜트에서 안전밸브의 중요성은 무엇보다 잠재적인 위험 상황으로부터 플랜트와 운전원을 보호하는 능력에 있다. 다시 말해 안전밸브는 장비 손상, 플랜트 효율 감소, 사고나 환경 재해로 이어질 수 있는 과도한 압력으로부터 플랜트를 보호한다.

플랜트에서는 제품이나 에너지를 만들기 위해 다양한 물질의 온도를 높여서 반응시키거나 압력을 높이는 작업을 한다. 압력밥솥은 2기압 내외지만, 플랜트에서는 300기압 이상의 초고압까지 올리기도 한다. 그래서 아무리 사람이 잘 제어하더라도 사고로 화재가 발생해 장치를 가열하는 등 압력이 높아질 수 있는 상황이 생기곤 한다.

플랜트에서 일어날 수 있는 이 같은 위험을 방지하는 최종 장치가 안전밸브다. 플랜트에서 안전밸브는 공정 시스템의 압력이 미리 정해진 수준을 초과하면 자동으로 열리도록 설계되어 과도한 압력을 방출해준다. 플랜트 안전밸브도 압력밥솥에 달린 추와 비슷한 원리로 작동하는 것이다. 안전밸브 내부의 스프링을 들어올릴 만큼 압력이 올라가면 자동으로 밸브가 열려서 밖으로 배출된다.

플랜트에서 사용하는 안전밸브는 여러 종류가 있다. 기능은 비슷하므로 플랜트의 상황과 조건에 맞춰 적합한 것을 선택한다.

기본적인 스프링 안전밸브는 설정된 압력 한계를 초과할 때, 스프링을 들어올려서 열리도록 되어 있다. 이를 통해 과도한 압력이 대기나 다른 안전한 영역으로 빠져나간다.

벨로즈(구부리거나 펴기가 편한 주름으로 된 구조물) 안전밸브는 스프링 안전밸브와 비슷한데, 스프링에 추가 벨로즈Bellows를 감싸놓아 외부에서 받는 압력의 영향을 덜 받도록 해준다. 플랜트에서는 안전밸브의 배출관이 전부 플레어 시스템이라는 곳에 연결되어 있다. 이곳의 압력이 높아지면 특정 안전밸브의 스프링이 제대로 올라가지 않기도 하므로 이러한 영향을

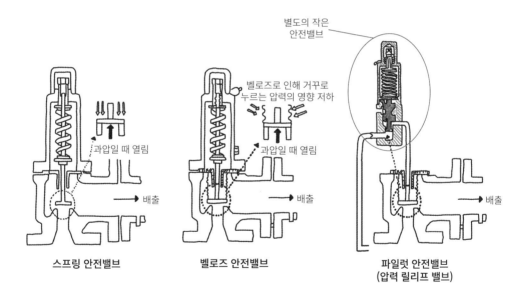

그림24 플랜트에서 사용하는 안전밸브의 종류

최대한 줄이기 위한 보완책이다.

파일럿 밸브는 압력 릴리프 밸브라고도 한다. 별도의 작은 안전밸브로 압력을 감지하여 큰 안전밸브를 작동시킨다.

안전밸브와 같은 기능을 하는 일회용 장치인 파열 판도 있다. 파열 판은 미리 정해놓은 압력에 도달하면 파열되어 압력을 안전한 위치로 방출하도록 설계된 일회용 금속 디스크이다. 배출되는 물질이 끈적이거나 불순물이 많을 때, 그리고 독성물질이어서 안전밸브가 제대로 기능할 수 없을 때 파열 판을 설치한다.

플랜트에서 이러한 안전밸브를 설치하거나 사용할 때 주의할 점이 있다.

첫째, 안전밸브는 공정에서 요구되는 압력과 배출량을 처리할 수 있어야 하므로 특정 용도에 맞게 알맞은 크기를 선택한다. 아울러 안전밸브를 적절한 위치에 설치하는 것도 중요하다. 안전밸브가 잘 작동하도록 압력 릴리프 밸브가 설치할 곳을 올바르게 선택한다. 설치하기 전에 배출되는 곳이 사람이 지나다니는 곳은 아닌지, 배출물이 어딘가 머물러 있지는 않은지, 배출되는 양 전체가 제대로 나갈 수 있는지 등을 고려한다.

둘째, 안전밸브가 잘 작동하도록 유지관리한다. 안전밸브에서 누출되는 물질은 없는지, 정기적으로 청소하고 있는지 점검한다. 또한 손상되거나 마모된 부품을 발견하면 바로 교체한다. 안전밸브를 설치한 뒤에는 밸브가 정해진 압력에서 열리고 압력이 너무 높아지지 않도록 압력 릴리프 밸브의 설정을 조정한다.

셋째, 안전밸브가 제대로 작동하고 비상시 적절한 압력으로 낮출 수 있는지 정기적으로 테스트한다. 테스트하는 방법에는 물을 이용해 밸브의 개폐 기능을 테스트하는 수압 테스트와 실제 작동 조건에서 밸브를 테스트하는 성능 테스트가 있다.

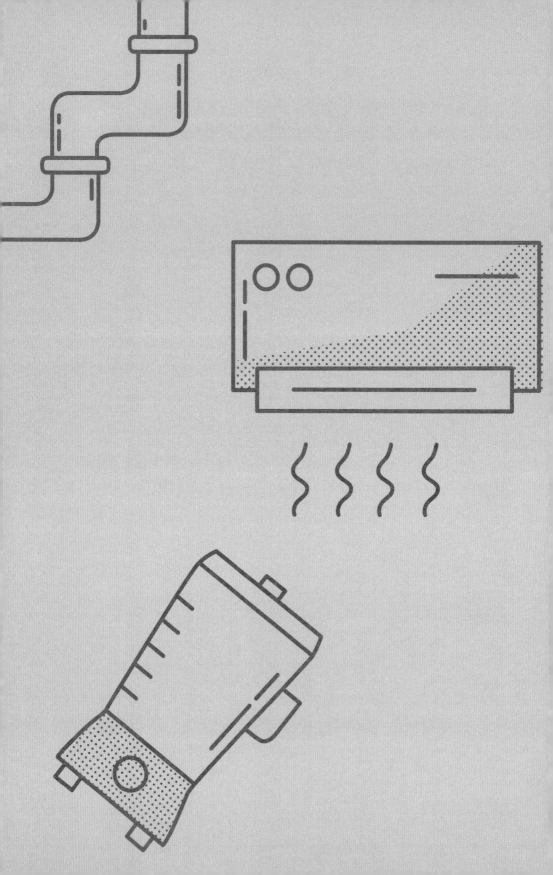

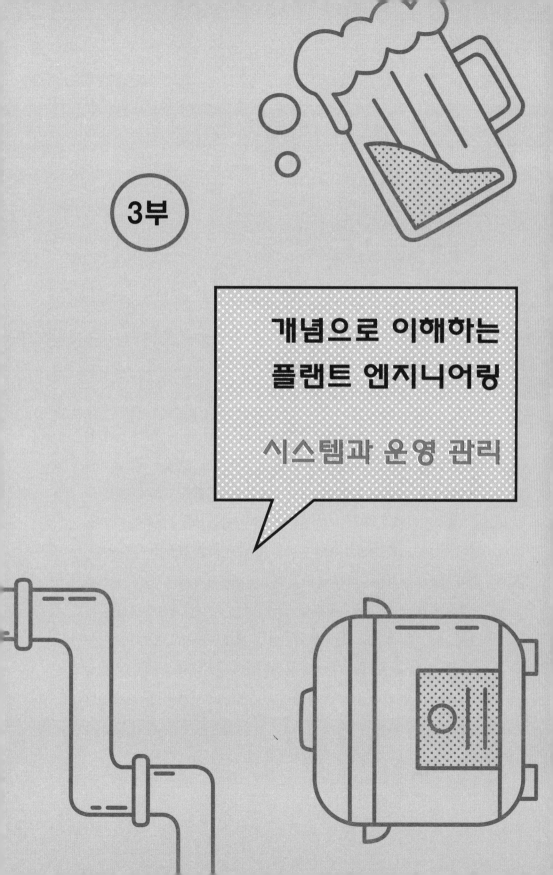

3부

개념으로 이해하는
플랜트 엔지니어링

시스템과 운영 관리

플랜트 시스템이란 우리가 원하는 제품이나 에너지를 생산하기 위한 공정을 말한다. 플랜트 시스템은 각종 장치와 설비, 전기와 다양한 제어 시스템이 유기적으로 결합되어 주어진 목적을 달성할 수 있도록 한다.

　플랜트 자체가 하나의 커다란 시스템이지만, 그 안에 여러 단위 시스템이 존재하고 각 단위 시스템 안에는 또 다른 작은 시스템이 존재한다. 단위 시스템은 기능에 따라 나뉜다. 물질을 반응시켜 다른 물질로 만드는 반응 시스템, 섞여 있는 물질을 분리하는 분리 시스템, 열을 공급할 수 있도록 열매체를 생산하는 열매체 시스템, 공정에서 냉각이 필요한 곳에 냉각수를 공급하는 냉각수 시스템, 필요한 곳에 공기를 공급하는 공기압축과 분배 시스템 등이 있다. 이러한 단위 시스템은 각 플랜트의 목적에 맞게 설계해 설치한다.

플랜트 설계의 최종 목적은 모든 장치를 안전하고 신뢰할 수 있게 작동시키는 것, 생산 효율성을 극대화하고 가동 중지 시간을 최대한 줄이는 것이다. 가동 중지는 장치의 정기 유지보수를 위해 어쩔 수 없이 하기도 하고, 갑작스런 사고 등 돌발 상황으로 생기기도 한다. 이런 가동 중시 시간을 최대한 줄여야 제품이나 에너지를 최대한 많이 생산할 수 있다. 플랜트에서 단위 및 전체 통합 시스템을 설계할 때는 이러한 플랜트의 최종 목적을 항상 염두에 두고, 공정의 특성, 플랜트가 건설되는 곳의 현지 규정, 안전 요구 사항과 환경 등 다양한 요소를 고려해야 한다.

이렇게 다양한 요소 가운데에서도 최우선은 안전이다. 플랜트에서는 늘 유해물질이나 화학물질이 누출돼 화재가 일어나거나 폭발할 가능성이 있다. 따라서 사고를 예방하고 직원의 안전을 보장하기 위해 플랜트 엔지니어는 기본적으로 압력 릴리프 밸브, 비상 정지 시스템, 화재 진압 시스템 같은 안전 기능을 넣은 시스템을 설계해야 한다. 안전을 최우선으로 설계한 다음 비로소 플랜트의 주목적인 수익을 고려한다.

또한 플랜트 엔지니어는 플랜트 시스템이 효율적으로 작동하고 최대한 고장 나지 않도록 하는 데 중점을 두고 설계해야 한다. 이를 위해 최신 기술과 설비를 활용하고, 플랜트 운영 중 시스템의 유지보수도 신경 쓴다.

플랜트 시스템은 플랜트의 목적과 산업 분야에 따라 설계가 달라진다. 플랜트 시스템 가운데 공정 시스템과 제어 시스템이 그렇다. 두 시스템을 설계할 때 무엇을 중심으로 설계해야 하는지 산업 분야별로 살펴보자.

화학 플랜트의 공정 시스템은 원하는 화학제품을 생산하는 데 사용되는 장치가 유기적으로 연결되어 통합적으로 구성된다. 여기에는 반응기, 분리기, 열교환기, 펌프, 밸브, 제어 시스템을 비롯해 몇 가지 주요 요소가 있다. 즉 여러 장치의 안전성, 효율성, 비용 등을 따져보고 원자재가 최종 제품으로 전환되는 과정에 맞추어 설계한다. 그리고 제어 시스템은 최적의 성능을 보장하기 위해 온도, 압력, 유량 같은 공정의 온갖 변수를 측정하고 조정한다.

식품 가공 플랜트의 공정 시스템은 미가공 농산물을 포장 식품으로 만드는 데 사용되는 시스템이다. 이 시스템에는 세척, 농산물의 크기나 품질에 따른 등급 지정, 전처리, 요리, 냉각 및 포장을 포함한 여러 단계의 처리 과정이 있다. 공정에서 나오는 부산물을 관리하기 위한 폐기물 처리 시스템도 포함된다. 공정 시스템은 식품 안전과 품질 표준을 유지하면서 생산 효율성과 생산량을 극대화하도록 설계한다. 제어 시스템은 온도, 습도, 압력 같은 공정의 다양한 변수를 측정하고 조정해 제품의 품질이 언제나 같도록 해야 한다.

수처리 플랜트 시스템은 마시는 물이나 공업용으로 물을 정화하는 데 사용되는 시스템이다. 일반적으로 응고, 응집, 침전, 여과 및 소독 등 여러 단계의 처리 공정을 수행한다. 무엇보다 물에서 박테리아, 화학물질, 부유 물질 같은 불순물을 제거하고, 특정 기준을 충족하도록 물의 pH와 미네랄 함량을 조정하도록 설계한다. 제어 시스템은 처리 공정의 성능을 보장하기 위해 유속, 압력, 화학물질 주입 같은 공정의 다양한 변수를 측정하고 조정한다.

이처럼 공정 시스템과 제어 시스템이 각 플랜트 목적에 맞춰 설계되는 시스템이라면 어느 플랜트에서나 활용되는 시스템도 있다. 공기 시스템, 냉각수 시스템, 열매체 시스템, 안전 시스템이 그렇다. 이들은 공정 시스템을 뒷받침해 플랜트의 주목적을 달성하도록 돕는다. 이 시스템은 뒤에서 자세히 다루겠다.

플랜트의 모든 시스템은 안전하고 효율적으로 운영할 수 있게 통합 구성되어야 한다. 그래야만 플랜트 운영이 원활하게 이루어질 수 있다. 어느 한 시스템이라도 제대로 기능하지 못한다면 문제가 발생하고 플랜트의 수익, 안전성, 신뢰성을 보장할 수 없다.

3부에서는 플랜트 엔지니어링에서 시스템을 구성할 때 쓰이는 핵심 기술을 다룬다. 아울러 각 시스템의 원리와 종류, 시스템 운영과 관리 면에서 유의할 점도 알아본다.

1

원료가 제품이 되기까지
전체를 총괄하는
공정 시스템

⚙── 레고 블록 조립을 잘하고 싶다면

2부에서 플랜트에 쓰이는 핵심 장치의 종류와 작동 원리를 알아보았다. 플랜트를 건설할 때는 이들을 최적으로 조합해 공정 시스템을 설계하고 구축해야 한다. 공정 시스템 설계는 레고 블록 조립과 비교할 수 있다. 레고는 갖가지 형태의 블록을 끼워 맞춰 자신이 원하는 구조물이나 기계를 만드는 장난감이다. 플랜트 시스템도 원하는 제품이나 에너지를 생산할 수 있도록 여러 형태와 기능을 가진 장치로 이루어져 있다. 플랜트 엔지니어는 적절한 장치를 선택해 플랜트 곳곳에 배치하고 조립해 발주자가 원하는 플랜트를 만든다. 이를테면 수처리 플랜트는 더러운 물이나 소금물을 여과처리해 일정한 품질의 물을 생산한다. 수처리 플랜트는 침전, 여과, 소독 같은 각각의 여과 공정을 조립하면 된다. 각 시스템은 특정한 기능이 있고, 깨끗한 물을 만들려면 특정한 방식으로 연결되어야 한다.

빵을 생산하는 식품 플랜트는 어떨까. 레고 블록으로 빵집을 짓는 것과 비교할 수 있다. 다양한 블록이 재료 혼합, 반죽 성형, 빵 굽기 같은 제빵의 단계라고 할 때, 맛있는 빵 한 덩어리를 생산하려면 정해진 단계대로 조립해야 한다. 공정 설계는 이처럼 블록을 조립하기 위해 단계에 따라 순서대로 끼워 맞춰 만들어야 하는 것과 다름없다.

공정 설계는 시스템이 원활하고 효율적으로 작동하는지 확인하는 데 사용된다. 또한 수처리 플랜트 공정을 구축하든 식품 공정을 구축하든 해당 시스템의 안전성을 유지하도록 만드는 데에도 활용한다.

⚙── 이산화탄소 포집과 액화 플랜트로 알아보는 공정 설계

1부에서 폴리에틸렌을 어떻게 만드는지를 통해 개념 설계를 알아보았다. 여기서는 이산화탄소 포집과 액화 플랜트를 통해 플랜트 시스템의 공정 설계를 알아보자.

화석연료가 주 에너지원으로 쓰이면서 기후위기가 심화되고 있다는 사실은 누구나 알 정도로 중요한 문제가 되었다. 앞으로는 태양광이나 풍력 등 재생에너지, 수소에너지 같은 대체에너지로 전환해야 한다는 것도 알고 있다. 하지만 우리나라의 중요한 전력 공급원인 화력발전소 가동을 갑자기 중지할 수도 없는 노릇이다. 그렇다면 화력발전소를 운영하되 발전소에서 배출되는 온실가스, 즉 이산화탄소를 잡아낼 수 있다면 어떨까? 이산화탄소 포집 플랜트는 이산화탄소를 모으기 위해 개발되었다. 포집이란 여러 가지 방법으로 일정한 물질 속에 있는 아주 적은 양의 성분을 분리한 뒤 잡아서 모으는 일을 말한다. 포집한 이산화탄소는 어딘가에 묻어서 저장하거나 다른 곳에 활용해야 하는데, 환경에 가장 좋은 방법은 이산화탄소를 활용하는 것이다. 이산화탄소를 활용하기 위해 기체인 이산화탄소를 액체탄산으로 만들면 부피가 크게 줄어들어 운송하기 편리해지고, 액체탄산을 용접가스, 드라이아이스 원료, 메탄올 원료 등으로 활용할 수 있다.

그런데 어떻게 발전소 굴뚝으로부터 나오는 배기가스에서 이산화탄소를 포집하고, 다시 액화시킬 수 있을까? 이산화탄소 포집과 액화를 위한 공정 설계 과정을 통해 그 방법을 알아보자.

이산화탄소 포집과 액화 플랜트도 원료나 에너지를 활용해 원하는 제품을 생산하는 것이 목적이다. 여기서 원료는 배기가스이고, 제품은 액화탄산이다. 원료의 상태와 온도, 구성 성분이 다르므로 플랜트의 여러 장치와 단계를 거쳐야 액화탄산을 생산할 수 있다. 이산화탄소 포집과 액화 플랜트의 시스템은 크게 이산화탄소 포집, 압축, 건조, 액화, 저장소로 구성되어 있다.

그림25의 왼쪽에 해당하는 이산화탄소 포집 시스템부터 살펴보자. 원료인 배기가스가 흡수탑의 아래로 들어가고, 위로는 처리된 가스가 나온다. 흡수탑에서 이산화탄소만 흡수한 다음 나머지 배기가스를 배출하는

것이다. 이때 흡수 과정에서 이산화탄소만 잘 녹이는 용매가 활용된다. 암모니아 유기 화합물인 아민과 물, 흡수를 도와주는 물질 등을 섞어서 만든 특수 흡수제이다. 이 흡수제는 흡수탑의 오른쪽 상단으로 들어가 아래로 쏟아지면서 배기가스와 맞닿게 되고 동시에 이산화탄소를 잡아낸다. 흡수제가 이산화탄소를 잡고 아래로 배출될 때 상태를 농후^{Rich} 흡수제라고 한다.

농후 흡수제는 펌프를 거쳐 흡수제 열교환기를 통과한다. 그러면 상대편 뜨거운 액체(재생탑에서 나오는 뜨거운 희박 흡수제)와 열교환을 하면서 뜨거워지고, 상대편 액체는 온도가 낮아진다. 농후 흡수제는 이산화탄소를 잡고 있으므로 다시 이산화탄소를 떼어내기 위해 재생탑으로 들어간다. 재생탑은 흡수제를 재생해주는 장치다. 아래에 있는 재생탑 리보일러에서 액체를 가열해 기화시킨 이산화탄소를 재생탑 위로 배출한다. 이런 과정을 거쳐 이산화탄소가 빠지면 희박^{Lean} 흡수제가 되며, 다시 흡수탑에서 활용될 수 있다. 희박 흡수제는 온도가 매우 높아 흡수제 열교환기를 통과하면서 열을 빼앗기게 된다. 흡수를 위해서는 온도가 낮아야 좋고 재생을 위해서는 온도가 높아야 좋은데, 가운데에 있는 흡수제 열교환기가 둘 모두에 알맞은 역할을 해준다.

다시 기체가 되어 재생탑 위로 배출되는 이산화탄소에 남아 있던 물도 한 번 끓은 상태에서 올라가므로 재생탑 컨덴서라는 냉각기를 거쳐 차갑게 만든다. 그러면 이산화탄소는 여전히 기체로 남아 있고, 증기 상태의 물은 액체가 되어 재생탑 펌프를 통해 다시 순환한다. 이제야 비로소 물까지 제거한 순도 높은 이산화탄소가 생산된 것이다.

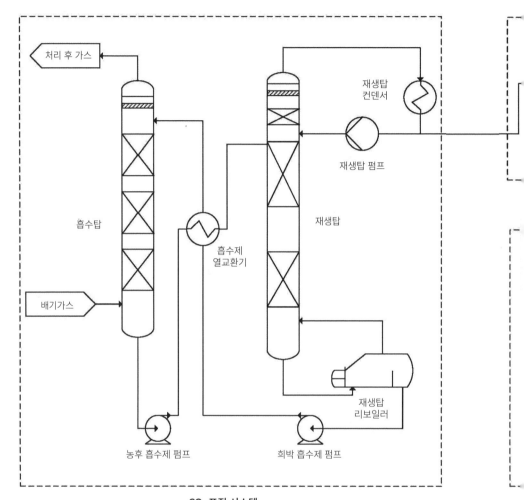

처리 후 가스

재생탑
컨덴서

재생탑 펌프

흡수탑

흡수제
열교환기

재생탑

배기가스

재생탑
리보일러

농후 흡수제 펌프

희박 흡수제 펌프

CO₂ 포집 시스템

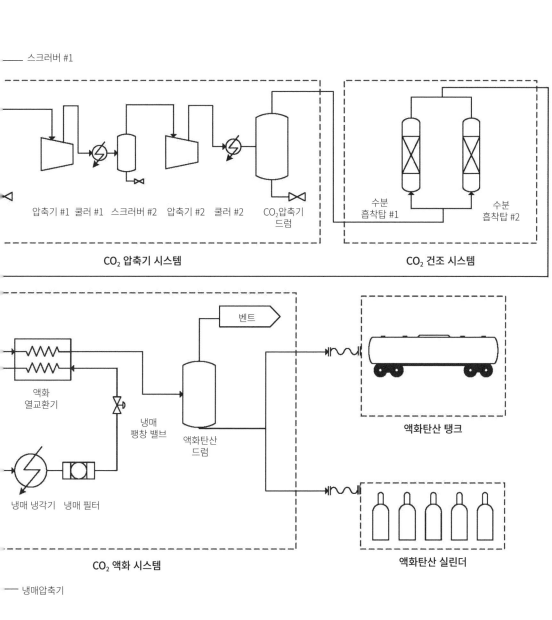

스크러버 #1

압축기 #1　쿨러 #1　스크러버 #2　압축기 #2　쿨러 #2　CO₂압축기 드럼

CO₂ 압축기 시스템

수분 흡착탑 #1　수분 흡착탑 #2

CO₂ 건조 시스템

벤트

액화 열교환기

냉매 팽창 밸브

액화탄산 드럼

냉매 냉각기　냉매 필터

CO₂ 액화 시스템

액화탄산 **탱크**

액화탄산 **실린더**

냉매압축기

그림25 이산화탄소 포집과 액화 플랜트 시스템

그다음 살펴볼 시스템은 이산화탄소를 압축하는 시스템이다. 재생탑에서 나오는 이산화탄소는 압력이 너무 낮아서 액화하려면 압력을 높여야 한다. 이산화탄소를 압축기에 넣기 전에 먼저 스크러버 #1에서 혹시 남아 있을지 모르는 수분을 빼낸다. 압축기에 액체가 유입되면 임펠러 등 압축기 내부 부품이 손상될 수 있기 때문이다. 이산화탄소가 압축되면 압력이 높아지는 동시에 온도도 높아지므로 쿨러를 통해 온도만 낮춘다. 이산화탄소는 다시 스크러버 #2, 압축기 #2, 쿨러 #2를 반복해 통과하면서 더욱더 크게 압축된다. 압축기 한 개만으로는 한 번에 높은 압력으로 압축하기 어려워서 두 개를 쓴다. 더욱이 한 번에 압력을 크게 높이면 덩달아 온도도 너무 높아질 수 있으므로 이런 식으로 두세 단계를 거친다. 이렇게 모든 단계를 거치고 나면 압력이 높은 기체 상태의 이산화탄소가 만들어진다.

압축 시스템을 거친 이산화탄소는 이산화탄소 건조 시스템으로 들어간다. 이산화탄소를 액화할 때 수분이 있으면 얼거나 액화 열교환기까지 막힐 수 있기 때문에 극건조 상태로 만들어야 한다. 압축된 기체 상태의 이산화탄소는 흡착제가 충전된 수분 흡착탑으로 들어간다. 흡착탑은 어느 정도 활용하고 나면 수분이 포화되므로 다른 쪽 탑을 활용한다. 한여름에 가정에서 사용한 제습제를 주기적으로 교체하는 것과 마찬가지이다. 이 시스템에서는 흡착탑에 뜨거운 공기를 불어넣어 이산화탄소의 수분을 날리고 재활용한다.

이 모든 과정을 거치면 드디어 이산화탄소를 액화시킬 준비가 끝난다. 마지막으로 이산화탄소는 액화 열교환기로 들어가 액체가 된 뒤 액화탄산 드럼에 저장된다. 이때 온도를 낮추는 역할은 냉매 시스템이 수행한다. 압축기, 냉각기, 필터, 팽창밸브로 이루어진 냉매 시스템은 냉장고, 에어컨과 작동 원리가 같다.

이렇게 해서 배기가스에서 이산화탄소를 분리하고, 최종적으로 고순도 액화탄산을 생산할 수 있는 공정 시스템을 만들었다. 이러한 과정이 공정 시스템 측면에서의 설계로, 각종 장치를 적재적소에 활용하여 전체적인 시스템을 만드는 과정이다. 살펴본 것처럼 시스템에 사용된 장치는 생활에서 흔히 접하는 제품과 작동 원리가 비슷하다.

플랜트에서 에너지나 제품을 대량생산할 수 있는 것은 이러한 시스템을 설계하고 운영할 수 있기 때문이다. 공정 설계는 그 대상이 무엇이냐에 따라 천차만별이지만, 필요한 장치를 적재적소에 잘 활용하기만 하면 된다. 물론 세부적으로 고려해야 할 사항이 무수히 많지만 개념적으로 이해한다면 쉽게 적용할 수 있다.

이러한 공정 시스템은 플랜트에서 핵심적인 역할을 한다. 따라서 공정이 제대로 운영될 수 있도록 전기, 제어, 배관, 통신뿐만 아니라 에너지 관리 시스템이 뒷받침되어야 한다. 또한 공정 시스템을 보조하는 시스템은 대부분의 플랜트가 같다. 예를 들어 하수와 폐수를 처리하는 드레인 시스템, 폐가스를 처리하는 플레어 시스템, 냉각수 시스템 등이 있다. 보조 시스템이 잘 갖춰질 때 전체 플랜트가 제 기능을 할 수 있다.

물질이 흐르는 길목이 되어주는 배관 시스템

⚙——• 배관이 없다면 어떻게 될까

배관 시스템은 우리 몸의 혈관과 같다. 혈관을 통해 몸 구석구석으로 혈액이 전달되는 것처럼 가정에서는 배관을 통해 일상적으로 물과 열, 공기 등을 이송하고, 필요한 곳에 분배한다.

생활 속 배관 시스템으로 수돗물을 공급해주는 배관 시스템이 있다. 사람들이 물을 마시고, 목욕을 하고, 세탁을 할 수 있도록 깨끗하고 안전한 물을 제공한다. 이 물은 주로 땅속에 묻혀 있는 배관을 통해 부엌, 화장실, 베란다 등으로 공급된다. 사용한 수돗물을 배출하는 배관도 중요하다. 부엌과 화장실에서 쓰고 버리는 오수는 상하수도 배관 시스템에 연결되어 다시 한곳으로 모이고, 수처리 정수장으로 이송된다.

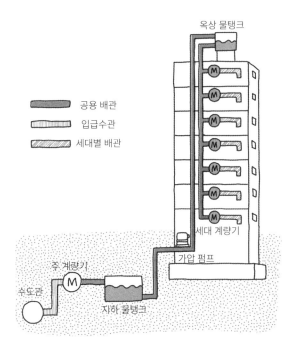

공용 배관

입급수관

세대별 배관

옥상 물탱크

세대 계량기

가압 펌프

주 계량기

수도관

지하 물탱크

그림26 아파트 배관 시스템

농장이나 식물원에서 농작물과 식물에 물을 공급해주는 관개 시스템도 배관 시스템의 하나이다. 관개 시스템은 농작물에 충분한 물을 골고루 효율적으로 분배하도록 설계되어 있다. 관개 시스템은 수원에 연결된 펌프, 배관, 밸브, 방출기로 구성된다. 이 가운데 배관은 손상을 방지하고 유지관리를 쉽게 하기 위해 지하에 묻는다. 관개 시스템은 수동이나 자동으로 운영되며, 시스템의 유형은 재배되는 농작물의 크기와 종류에 따라 다르다.

다음으로 HVAC Heating, Ventilation and Air Conditioning 배관 시스템(난방, 환

기 및 공조)이 있다. HVAC 배관 시스템은 건물의 난방, 환기 및 공기 품질을 조절하는 시스템으로, 건물 내부의 공기를 항상 깨끗하게 유지해주는 아주 중요한 시스템이다. 중앙난방 또는 냉각 장치에 연결된 덕트(공기 같은 유체가 흐르는 통로), 배관, 기타 구성 요소가 유기적으로 결합되어 있다. 배관은 금속으로 만들며 열손실을 방지하도록 전류나 열이 통하지 못하게 절연한다.

마지막으로 자동으로 사람과 건물을 화재로부터 보호하는 화재 스프링클러 시스템이 있다. 이 시스템은 수원과 제어밸브에 연결된 배관 네트워크로 구성된다. 스프링클러 배관은 사람들 눈에는 잘 보이지 않지만, 화재가 발생하면 물을 내뿜도록 설계되어 초기에 불길을 진압하고 연기가 확산되는 것을 막는다. 우리나라 건축법상에도 설치가 규정되어 있을 정도로 화재 안전에 꼭 필요한 시스템이다.

⚙——플랜트에서 배관 시스템은 어떻게 쓰일까

플랜트의 배관 시스템은 공정 시스템이 작동하는 데 반드시 필요하다. 플랜트에서는 수많은 유체와 가스가 장치에 들어갔다 나왔다 한다. 그래서 이들을 제대로 연결하는 것이 중요한데, 여러 물질이 이송되는 연결 시스템이 배관 시스템이다. 아무리 각 장치가 잘 기능하더라도 서로 연결되어 있지 않아 물질이 이송되지 않는다면 플랜트에선 아무것도 생산할 수 없다.

플랜트 배관 시스템은 한 장치에 연결된 배관, 피팅^{Fitting}, 밸브로 구성되어 있다. 배관은 유체가 흐르는 도로 역할을 하며 금속이나 강한 플라스틱 복합재로 만든다. 산업 공정에서 필요한 높은 압력과 온도에도 견딜 수 있게 설계한다. 피팅은 배관의 흐름 방향을 바꾸거나 연결해주는 부자재이다. 배관은 기본적으로 직선이고 크기가 같아서 피팅이 있어야만 상하좌우로 연결하고, 크기도 자유자재로 바꾸어가며 활용할 수 있다. 밸브는 배관에 흐르는 유체의 흐름을 통제하거나 제어하는 역할을 한다.

플랜트 배관 시스템은 특정 응용 분야에 따라 다르다. 일부 배관 시스템은 공정 요구 사항을 충족하기 위해 특수 재료와 구성 요소를 사용한다. 일례로 부식성이 심한 물질을 활용할 때 일반적인 탄소강보다 재료 가격과 생산 비용이 높은 스테인레스강을 사용한다.

플랜트에서는 이 배관 시스템이 어떻게 쓰이며, 제작하거나 사용할 때 무엇을 고려해야 할까?

첫째, 플랜트 배관 시스템은 서로 다른 공정 장치들을 연결함으로써 원자재, 중간 제품, 최종 제품을 운반하는 데 사용한다. 따라서 배관은 이송되는 화학물질의 부식성과 반응성을 충분히 견딜 수 있는 재료로 만들어야 한다.

둘째, 배관 시스템은 냉각과 가열 시스템에도 적용된다. 배관은 화학 공정의 온도를 조절하는 냉매와 열매체를 운반해주므로 고온과 고압을 견딜 수 있는 재료로 만들어야 한다.

셋째, 폐기물 관리를 위한 배관 시스템은 화학 공정 과정에서 나오는 폐기물을 저장하거나 처리 시설로 운반할 때 사용한다. 이러한 배관은 폐기물 흐름의 부식성을 견딜 수 있는 재료로 만든다.

넷째, 화재 예방을 위한 배관 시스템은 화재가 났을 때 소방 시스템에서 물이나 기타 화재 진압제를 화재 장소로 운반하는 데 사용한다. 이러한 배관은 고온과 고압을 견딜 수 있는 재료로 만든다.

이렇게 보면 플랜트 배관 시스템은 생활 속 배관 시스템과 크게 다르지 않다는 것을 알 수 있다. 배관 시스템은 여러 공정에 필요한 액체와 가스를 운반하는 역할을 하므로 플랜트 중에서도 무엇보다 화학 플랜트에서 중요하다. 화학 플랜트의 배관 시스템을 설계할 때는 운송되는 화학물질의 특성과 위험성은 물론이고, 지역 건축 법규 및 안전 규정도 고려해야 한다.

냉난방 비용을 아껴주는 에너지 관리 시스템

모든 에너지 사용을 자동으로 조절한다

전기와 가스 같은 에너지는 보통 사용자가 직접 계기를 조절하여 에너지 사용 여부나 사용량을 관리했다. 그런데 이제는 컴퓨터를 활용해 에너지 사용을 자동으로 제어하고 조절하는 시대가 왔다. 이 기능이 에너지 관리 시스템이다. 우리 주변에는 다양한 에너지 관리 시스템이 있다.

첫째, 스마트 온도 조절기가 있다. 스마트 온도 조절기는 가정에서 많이 사용하는 에너지 관리 시스템이다. 최근에는 스마트폰 앱으로 언제 어디서나 집의 난방과 냉방을 제어할 수 있다. 집에 사람이 없다면 난방과 냉방을 차단해 에너지와 비용을 절약할 수 있다.

둘째, 에너지 모니터링 시스템이 있다. 최근 지어진 아파트에 이 시스템이 적용된 사례들이 있다. 에너지 모니터링 시스템은 가정에 있는 개별 가전제품의 전기 사용량을 측정하고, 에너지 소비와 관련된 실시간 데이터를 제공한다. 여기서 나온 데이터는 어느 가전제품이 얼마만큼의 에너지를 사용하는지 알려주기 때문에 전체 에너지 사용량을 줄이는 데 아주 유용하다.

셋째, 조명 제어 시스템이 있다. 스마트폰 앱으로 방을 나갈 때 자동으로 조명을 끄고 켜는 등 집의 조명을 원격 제어할 수 있다. 불필요한 조명 사용을 줄여 에너지를 절약하고, 생활을 편리하게 만들어준다.

넷째, 건물 관리 시스템이 있다. 건물 관리 시스템은 상업용 및 산업용 건물에서 난방, 냉방, 조명, 기타 건물 시스템을 제어하는 데 사용된다. 기상 조건, 에너지 사용에 따라 건물 전체의 온도, 조명, 환기를 자동으로 조정하도록 프로그래밍할 수 있다. 각 사무실의 에너지 사용을 한꺼번에 제어할 수 있어 전체 건물의 에너지 효율성을 높이고, 에너지 비용도 줄여준다.

⚙──── 플랜트에서 에너지 관리 시스템은 어떻게 쓰일까

플랜트의 에너지 관리 시스템Energy Management System, EMS은 플랜트의 에너지 사용을 모니터링하고 제어하고 최적화하는 일련의 시스템과 공정이다. 가정과 건물의 에너지 관리 시스템처럼 에너지가 어떻게 활용되는지 확인하고, 낭비되는 부분은 적절하게 조절함으로써 에너지 비용을 줄이는 것이 목적이다.

효율적인 EMS 기술을 구현하면 플랜트의 에너지 효율을 높이고 궁극적으로는 에너지 낭비를 최소로 줄일 수 있다. 또한 플랜트의 경쟁력은 유지하면서 환경 규정을 준수하는 데 도움이 된다.

에너지 사용과 관련해 유용한 EMS를 플랜트에 적용하기 위해서는 고려해야 할 몇 가지 중요한 점이 있다.

첫째, 플랜트에서 공정 제어 시스템은 EMS의 중요한 구성 요소이다. 공정 제어 시스템은 각 공정의 에너지 사용량을 실시간으로 모니터링하고, 에너지 효율을 최적화하기 위해 에너지 사용을 조정한다. 집에 사람이 없을 때 켜져 있는 조명이나 난방을 끄는 것과 같다. 에너지 사용에 대한 정확한 데이터를 얻고 가동 중지 시간을 방지하려면 공정 제어 시스템을 정기적으로 유지관리해야 한다.

둘째, 에너지 모니터링은 실시간으로 전력과 연료가 얼마나 소모되는지 확인하는 EMS의 중요한 구성 요소이다. 여기에는 플랜트의 공정, 장치와 유틸리티의 에너지 사용량 측정이 포함된다. 에너지 모니터링을 통해 수집된 데이터는 에너지가 낭비되는 곳을 파악하고, 에너지 효율을 개선하는 데 사용된다. 에너지가 쓰이는 만큼 그에 걸맞은 성능이나 효율이 나오지 않을 때 해당 부분을 점검해 에너지가 낭비되는 요인을 없앨 수 있다.

셋째, 시스템의 유지관리도 중요하다. 플랜트 장치와 유틸리티의 정기적인 유지관리는 에너지 효율성을 유지하는 데 큰 역할을 한다. 한 예로 플랜트의 보일러와 버너를 정기적으로 청소하고 조정하면 에너지 효율이 개선된다. 이들은 연료를 태워 열에너지를 생성하는 것이 목적인데, 오랫동안 사용하면 불순물이 쌓여서 열에너지가 제대로 전달되지 않고 외부로 빠져나갈 수 있기 때문이다.

넷째, 에너지 효율을 향상시키는 방안에는 여러 가지가 있다. 일반 전구를 저전력 조명 장치인 LED 방식으로 교체하기, 좋은 단열재를 넣어 열에너지의 손실 막기, HVAC 시스템을 이용해 원활한 공기 순환과 고른 온도 유지하기 등이 있다. 이러한 기술을 적절히 활용하면 플랜트의 전체 에너지를 낭비 없이 사용할 수 있고, 더 나아가 탄소중립에도 기여할 수 있다.

다섯째, 아무리 자동화 시스템을 도입한다고 해도 결국 사람이 운영해야 한다. 직원에게 에너지 효율성의 중요성과 에너지 사용량을 줄이기 위한 모범 사례를 교육하고, 적극적으로 EMS를 활용하도록 한다. 또한 직원이 에너지가 낭비된다고 판단되면 제때 보고하고, 에너지 절약 아이디어를 제안하도록 권장한다. 물론 이에 대한 보상을 해야 하며, 직원들에게 어떻게 동기 부여를 할 것인가도 고민해야 한다.

플랜트를 자동으로 제어하는 제어 시스템

4

샤워와 공정 제어는 어떤 관계가 있을까

　사람들은 하루 일과를 마친 뒤 샤워하고 휴식을 취한다. 대부분은 모르겠지만, 우리는 샤워를 하면서 플랜트에 적용되는 공정 제어와 비슷한 행동을 하고 있다. 공정 제어는 대형 플랜트를 움직이는 핵심 원리 가운데 하나이다. 수많은 유체가 흘러가는 플랜트에서는 사람이 일일이 온도를 수동으로 측정하고 제어할 수 없다. 이를 대신해주는 것이 제어 시스템으로, 컴퓨터를 활용해 플랜트 공정 규칙에 맞도록 작동시킨다.

　이 같은 플랜트의 공정 제어와 아무 상관없어 보이는 샤워가 어떤 면에서 비슷한지 알아보자. 샤워를 할 때 사람의 손은 센서 역할을 한다. 손이 느낀 물의 온도는 뇌로 전달된다. 뇌는 물의 온도에 따라 수도꼭지의

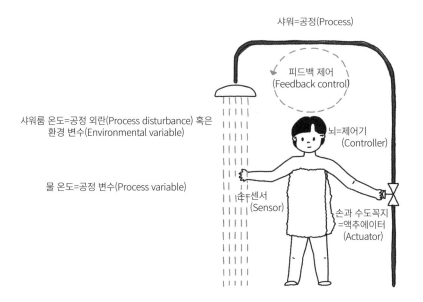

샤워=공정(Process)

피드백 제어
(Feedback control)

샤워룸 온도=공정 외란(Process disturbance) 혹은
환경 변수(Environmental variable)

뇌=제어기
(Controller)

물 온도=공정 변수(Process variable)

손=센서
(Sensor)

손과 수도꼭지
=액추에이터
(Actuator)

그림27 샤워로 보는 공정 제어 시스템

밸브를 조절하라는 신호를 준다. 바로 뇌가 제어기 역할을 하는 것이다. 뇌에서 신호가 오면 손은 그에 맞춰 수도꼭지 밸브의 방향을 조절하는데, 이때 손은 시스템의 움직임을 제어하는 액추에이터 역할을 한다. 액추에이터는 장치와 시스템을 동작시키거나 제어하는 데 쓰인다. 물을 만지고 있는 손이 다시 물의 온도를 측정하고, 내가 원하는 온도와 실제 물의 온도의 차이가 줄어서 만족할 수준이 되면 수도꼭지 밸브의 조절을 멈추고 샤워를 즐기게 될 것이다. 이때 샤워룸의 온도가 낮으면 좀 더 뜨거운 물을 원할 것이고, 온도가 높다면 시원한 물을 원할 것이다. 이를 공정 외란 또는 환경 변수라고 한다.

　우리 일상에서는 샤워할 때보다 더 복잡하지만, 여러모로 생활을 편리하게 만들어주는 제어 시스템을 많이 사용하고 있다.

첫째, 온도조절기는 방이나 건물 온도를 제어하기 위해 가정에서 많이 쓰는 제어 시스템이다. 집 온도가 낮으면 보일러를 가동해 온도를 높이고, 온도가 너무 높으면 에어컨을 가동해 시원하게 만든다. 온도조절기를 이용한 제어 시스템은 온도 센서, 제어 장치, 가열 또는 냉각 장치로 구성된다. 센서는 실내 온도를 측정하고, 제어 장치는 측정된 실내 온도와 사용자가 설정한 희망 온도를 비교한다. 설정한 희망 온도에 따라 제어 시스템이 온도를 제어한다. 온도가 설정 기준에서 벗어나면 제어 장치는 온도를 조정하도록 가열 또는 냉각 장치에 신호를 보내고, 사용자가 원하는 설정 기준에 맞춰 보일러나 에어컨을 가동한다.

둘째, 홈 자동화 시스템은 비교적 최근에 나온 제어 시스템이다. 홈 자동화 시스템을 통해 사용자는 중앙 제어 장치나 스마트폰 앱으로 조명, 난방과 냉방, 보안 같은 다양한 기능을 제어할 수 있다. 집에 사람이 없을 때 조명을 끄기도 하고 사람과 시간에 맞춰 온도를 조절하기도 한다. 이처럼 사용자가 설정한 내용에 따라 특정 작업을 수행하도록 프로그래밍할 수 있다.

셋째, 자동 관개 시스템도 있다. 우리나라는 아직 잔디나 정원 관리가 보편화되어 있지 않지만, 정원을 가진 집이 많은 해외에서는 중요한 시스템이다. 자동 관개 시스템은 효율적인 방식으로 잔디와 정원에 물을 준다. 이 시스템은 제어 장치, 센서, 식물에 골고루 물을 분배하는 밸브와 노즐로 구성된다. 제어 장치는 토양에 어느 정도 수분이 함유되어 있는지, 기상 조건은 어떠한지 파악하고, 과도한 물 공급을 방지하기 위해 물 주는 일정을 조정한다.

넷째, 매우 복잡한 구조로 이루어진 엘리베이터 제어 시스템이 있다. 이 시스템은 제어 장치, 센서, 엘리베이터가 안전하고 효율적으로 작동하도록 해주는 다양한 기타 요소로 구성된다. 제어 장치는 도어 스위치, 층수 버튼 같은 센서로부터 정보가 들어오면 알고리즘을 활용해 엘리베이터를 어느 층에 보낼지 가장 효율적인 방법을 결정한다. 또한 엘리베이터의 정원이 초과하면 알람을 울려서 작동되지 않도록 하며, 각 층의 문도 상황에 맞게 열려야 하는 등 안전상 고려된 신호도 많다. 우리는 무심코 버튼을 누르지만, 엘리베이터 제어 시스템은 사용자의 요구에 따라 매우 뛰어난 역할을 하고 있는 것이다.

다섯째, 교통 제어 시스템이 있다. 교통 제어 시스템은 일반도로와 고속도로에서 차량의 흐름을 관리하는 데 사용된다. 이 시스템은 일반적으로 차량의 흐름을 감지하는 교통신호, 카메라, 센서와 데이터를 분석하고 신호등 변경 시기를 결정하는 중앙 제어 장치로 구성된다. 교통 혼잡을 줄이고 교통 흐름을 개선하는 동시에 운전자와 보행자의 안전을 보장하는 것이 목적이다.

⚙── 플랜트에서 제어 시스템은 어떻게 쓰일까

플랜트의 제어 시스템은 여러 가지 공정 장치와 장비를 제어하고 모니터링하는 데 사용된다. 운송 시스템, 제조 공정, 그리고 산업 플랜트를 포함한 광범위한 응용 분야에서 찾아볼 수 있다.

플랜트의 제어 시스템은 수동 혹은 자동으로 제어하며, 온도, 압력 모니터링, 물, 공기나 기타 물질의 흐름 제어 같은 기능을 수행할 수 있게 설계되었다. 더불어 다양한 시스템과 장비가 안전하고 효율적으로 작동하게 해준다. 플랜트에서 사용되는 제어 시스템에는 무엇이 있는지 화학 플랜트를 통해 구체적으로 살펴보자.

우선 공정 제어 시스템은 가장 기본적인 제어 시스템으로, 온도, 압력, 유량과 레벨 같은 변수를 조절하는 데 사용된다. 이 시스템은 센서로 공정 변수를 모니터링하고 원하는 설정값을 유지하도록 밸브 같은 제어 요소에 신호를 보낸다.

이러한 제어는 분산 제어 시스템Distributed Control System, DCS으로 하는데, 화학 플랜트 내 여러 공정 변수를 모니터링하고 제어하기 위해 사용되는 컴퓨터 기반 제어 시스템이다. DCS는 플랜트 전체에 퍼져 있는 제어 모듈이 중앙 제어실에 연결되는 분산형이다.

다음은 감독 제어 및 데이터 수집Supervisory Control and Data Acquisition, SCADA 시스템으로, 공정이나 장비를 모니터링하고 제어할 때 사용된다. SCADA는 일반적으로 센서와 액추에이터에 연결된 원격 터미널 장치RTU, 정보가 수집되고 처리되는 중앙 제어실로 구성된다. DCS와 SCADA 모두 플랜트에서 널리 활용되는 제어 시스템이며, SCADA가 DCS보다 규모는 작지만 컴퓨터 성능이 좋아진 현재는 둘 다 우수한 시스템이다.

DCS와 SCADA보다 고급 버전인 고급 공정 제어Advanced Process Control, APC 시스템도 있다. APC는 고급 알고리즘을 활용해 화학 플랜트의 성능을 최적화하는 일종의 제어 시스템이다. APC는 센서, 공정 모델 그리고 제어 알고리즘을 활용하며, 실시간으로 제어할 수 있다. 공정 변수를 바로바로 조정할 수 있으므로 성능은 개선하고 에너지 소비는 줄여서 생산 비용을 최소화한다. DCS와 SCADA보다 성능이 우수하지만, 설치하고 운영하는 데 더 많은 비용이 든다는 단점이 있다.

이와 같이 제어 시스템은 플랜트를 우리가 원하는 대로 운전할 수 있게 사람의 뇌 역할을 하는 아주 중요한 시스템이다. 가장 기본적인 DCS 시스템부터 고급 시스템인 APC 시스템까지 플랜트에 맞는 기능과 주어진 예산에 따라 적절한 제어 시스템을 선정한다면, 최대한 경제적·효율적으로 플랜트를 제어하고 운영할 수 있다.

안전하고 효율적인
플랜트 운영을 책임지는
전기 시스템

⚙——• 가정에서 사용하는 다양한 전기 시스템

　전기에너지가 없는 삶은 상상할 수 없다. 평소 우리가 쓰는 수많은 전자제품만 보더라도 당장 전기가 없으면 아무것도 할 수 없다. 전기는 일상생활은 물론이고 산업과 플랜트에도 반드시 필요하다. 그렇다면 전기는 공급되기만 하면 문제없을까? 그렇지 않다. 전기는 가정에 공급될 때 다양한 시스템을 통해 공급된다. 전기가 그저 공급될 뿐이라면, 전기가 필요한 장치가 요구하는 전압과 전류를 맞춰줄 수 없으며 제 기능을 할 수도 없다. 전기는 시스템을 통해 제어되고 통제되어야 한다.

　그럼 생활에서 전기를 마음껏 쓸 수 있도록 활용되는 전기 시스템에는 무엇이 있을까? 우선 가정용 배전 시스템이 있다. 조명, 가전제품과 전기 콘센트에 전원을 공급하는 전선 및 전기 부품 시스템은, 회로 차단기나 퓨즈가 있는 서비스 패널(차단기 상자)과 집 곳곳으로 연결되는 배선의 갈래들로 구성된다. 배전 시스템은 집 전체에 전력을 안전하고 효율적으로 분배하도록 설계되어 있다. 만약 이러한 시스템이 제대로 구성되어 있지 않고 그저 전기만 공급된다면 전자제품은 그 기능을 할 수 없다.

다음으로 조명 시스템이 있다. 조명 시스템은 특정 영역에 조명을 제공하기 위해 함께 작동하는 조명과 전기 부품으로 구성되어 있다. 여기에는 천장 조명, 벽 조명, 플로어 램프나 테이블 램프 같은 조명과 조명을 제어하는 스위치, 빛의 강도를 조절하는 조광기가 포함된다. 조명 시스템은 편안하고 기능적인 생활 공간을 만드는 역할을 하는데, 전기 시스템이 존재하지 않는다면 역시 기능을 할 수 없다.

앞서 설명한 HVAC 시스템도 전기 시스템과 밀접한 관련이 있다. HVAC 시스템은 건물의 냉난방을 담당한다. 이 시스템은 보일러, 에어컨, 온도 조절 장치, 덕트로 구성되며, 전기에너지로 움직인다. 무엇보다 HVAC 시스템은 극한 기온 지역에서 쾌적한 실내 환경을 유지해주는 소중한 시스템이다.

마지막으로 보안 시스템이 있다. 보안 시스템은 집이나 건물을 침입자로부터 보호하도록 설계된 전기 시스템이다. 일반적으로 중앙 제어 패널에 연결된 센서, 알람, 카메라를 가리키는데, 보안 시스템에는 동작 감지기, 유리 파손 감지기도 포함된다.

⚙ ── 플랜트에서 전기 시스템은 어떻게 쓰일까

플랜트에 적용된 전기 시스템은 가정용 전기 시스템과는 성격이 조금 다르다. 가정에서는 220볼트 기준의 소용량 전자제품을 활용한다면, 플랜트에서는 다양한 전압과 용량을 가진 장치를 활용하기 때문이다. 이러한 상황에서 플랜트의 전기 시스템은 다양한 공정과 장치의 안전하고 효율적인 작동을 보장한다. 전기 시스템이 플랜트에 어떻게 적용되는지 몇 가지 예를 살펴보면 다음과 같다.

첫째, 전기 시스템은 공정 제어와 모니터링에 필요하다. 전기 시스템은 제어 시스템 자체가 전기로 작동되므로 아주 밀접한 관련이 있다. 플랜트의 공정 시스템은 전기 시스템과 제어 시스템으로 제어되고 모니터링된다. 다양한 센서 및 제어 시스템은 온도, 압력, 유량 등 주요 공정 변수를 측정하고 최적의 조건을 유지해주며, 필요에 따라 밸브를 여닫거나 냉각수 또는 열매체의 양을 조절하는 등 공정을 조정한다.

둘째, 전기 시스템은 플랜트의 장치와 공정에 전력을 분배하는 역할을 한다. 플랜트에서는 장치별로 요구하는 전압이 달라서 이에 맞춰 공급해줘야 하는 경우가 많다. 고전압 송전, 배전 시스템과 개별 장비에 전력을 공급하는 저전압 배전 시스템 등이 있다. 조명도 빼놓을 수 없다. 전기 시스템은 운전원이 안전하고 효과적으로 작업할 수 있도록 플랜트의 조명을 밝혀준다. 조명은 특별히 위험한 부분에 다른 색 조명을 쏘거나 보다 강하게 비추어 강조할 때도 활용한다.

셋째, 비상 백업 전원은 전기 시스템의 필수 기능이다. 갑자기 정전이

돼 전기가 전혀 공급되지 않는 상황만큼 플랜트에 치명적인 것은 없다. 정전으로 비상 밸브가 잠기지 않아 위험물질이 다른 시스템으로 옮겨가면 화재나 폭발을 일으킬 수도 있다. 그래서 전기 시스템은 운전원의 안전과 환경 보호를 위해 반드시 비상 백업 전원을 제공할 수 있어야 한다. 이를 위해 일반적으로 정전이 되었을 때 중요한 장비와 시스템에 전력을 공급할 수 있는 예비 발전기, 배터리 백업 시스템을 갖춘다.

넷째, 전기 시스템은 안전 시스템을 위해 존재하는 것이나 다름없다. 화재 감지 및 진압 시스템, 폭발 방지 시스템 같은 플랜트의 안전 시스템을 구현한다. 이 시스템들은 잠재적인 위험을 감지하고 사고를 예방하며, 사고가 나더라도 최대한 피해를 줄여서 운전원의 안전과 환경을 보호할 수 있도록 설계한다.

넓은 플랜트에서 소통을 돕는 전자 통신 시스템

생활필수품이 된 휴대전화

우리가 쓰는 대표적인 전자 통신이 휴대전화다. 휴대전화는 이제 사람들 간의 커뮤니케이션을 돕고, 소셜미디어를 이용할 수 있는 중요한 수단이 되었다.

휴대전화 같은 전자 통신 시스템^{Electric Communication System, ECS}의 목적은 사람 또는 조직 간에 빠르고 효율적으로 통신할 수 있도록 하는 것이다. 그래서 지리적 위치와 관계없이 통신을 더욱 편리하고 효율적으로 할 수 있게 설계되었다. 전자 통신 시스템에는 이메일, 인스턴트 메신저, 음성 및 영상 통화, 파일 공유, 또 다른 형태의 디지털 통신 등 여러 기술이 포함된다.

전자 통신 시스템이 사람이나 조직을 어떤 식으로 연결시켜주고 있는 지는 현재 우리가 사용하고 있는 기술들을 보면 알 수 있다. 전자 통신 시스템의 이메일은 사용자 간에 메시지와 파일을 주고 받을 수 있다. 이메일은 전문적이고 개인적인 커뮤니케이션에 널리 사용되고 있다. 빠르고 효율적으로 정보를 공유할 수 있는 편리한 방법이다.

카카오톡, 왓츠앱, 페이스북 메신저 같은 앱을 활용하는 인스턴트 메신저는 개인 또는 그룹이 실시간으로 커뮤니케이션을 할 수 있도록 한다. 사용자는 대화 형식으로 문자 메시지, 음성 메모, 사진이나 비디오를 주고 받을 수 있다.

휴대전화 기능 가운데 음성 및 영상 통화는 기본적인 전자 통신 수단이다. 사용자는 스카이프, 줌 같은 앱으로 음성 및 영상 통화를 할 수 있다. 이 기술을 사용하면 같은 곳에 있지 않은 사람들과도 얼굴을 보면서 대화할 수 있다.

전자 통신 시스템을 활용하면 파일도 공유할 수 있다. 구글 드라이브나 드롭박스 같은 파일 공유 시스템을 이용해 사용자는 클라우드에 파일을 저장하고 다른 사람과 공유할 수 있다. 언제 어디에서나 쉽게 파일에 접근하고 다른 사람과 협업하여 프로젝트를 진행할 수 있는 것이다.

메시지뿐만 아니라 소셜미디어를 활용하면 일대다 소통도 할 수 있다. 페이스북, 트위터, 인스타그램이 대표적이다. 이러한 소셜미디어 플랫폼은 정보와 아이디어, 콘텐츠를 사람들과 공유할 수 있는 디지털 커뮤니케이션 시스템이다. 종종 개인이나 전문 네트워킹, 사업과 조직 홍보, 친구와 가족과의 소통에도 사용된다.

⚙───・플랜트에서 전자 통신 시스템은 어떻게 쓰일까

플랜트의 전자 통신 시스템은 여러 부서나 개인 간 통신을 쉽게 해준다. 이 시스템의 목적은 정보와 데이터를 안정적이고 빠르고 효율적으로 교환하는 방법을 제공하는 것이다. 강력한 전자 통신 시스템을 구현하면 플랜트의 전반적인 성능을 개선하고, 위험 상황이 발생할 경우 책임자나 담당자에게 빨리 연락할 수 있어 잠재적인 안전사고의 위험을 줄여준다.

예를 들어 화학 플랜트의 전자 통신 시스템은 서로 다른 부서와 직원 사이의 커뮤니케이션을 쉽게 만들어 생산 공정을 실시간으로 모니터링하고 제어할 수 있도록 한다. 뿐만 아니라 화학제품 생산과 같이 규제가 엄격한 산업에서 중요한 데이터와 정보를 전송하는 안전하고 신뢰할 수 있는 수단을 제공한다. 전자 통신 시스템으로 하는 효과적인 커뮤니케이션은 플랜트에서 사고를 예방하고 가동 중지 시간을 많이 줄여준다.

일반적인 플랜트에서 전자 통신 시스템은 다음과 같이 활용된다.

첫째, 데이터를 관리한다. 전자 통신 시스템으로 생산 및 재고 정보 같은 대량 데이터를 관리하고 저장할 수 있다. 이러한 데이터를 잘 활용하면 공정이 간소화되고 플랜트의 생산 효율성이 올라간다.

둘째, 원격 모니터링 기능을 한다. 전자 통신 시스템을 활용해 온도, 압력 수준 등 플랜트 운영 전반을 원격으로 모니터링하고 이상이 있으면 직원들에게 알림을 보낼 수 있다. 원격 모니터링은 안전을 향상시키고 사고의 위험을 줄이는 데 도움이 된다.

셋째, 장치 제어에도 중요한 역할을 한다. 전자 통신 시스템을 활용해 원격으로 펌프나 밸브 같은 플랜트 장치를 제어하고 작동시킬 수 있다. 더욱이 문제가 생기면 대응할 수 있는 시간을 확보할 수 있다.

넷째, 화재 경보나 가스 누출처럼 플랜트에서 발령되는 경보를 관리할 수 있다. 이렇게 하면 비상 상황이 발생했을 때 담당자에게 제때 알릴 수 있다.

마지막으로 전자 통신 시스템을 활용하면 플랜트에 있는 여러 부서 간에 쉽게 통신할 수 있다. 이를 통해 모든 사람이 함께 작업하고, 중요한 정보를 동시에 공유할 수 있다.

각종 오폐수를 처리해주는 드레인 시스템

세면대 밑 구부러진 배관의 비밀

화장실 세면대가 막히면 사람들은 먼저 세면대 밑의 배관을 살펴본다. 세면대 중간이 막혀서 물이 잘 내려가지 않는 경우가 대부분이기 때문이다. 세면대 배관은 일자로 된 직선이 아니라 그림28과 같이 U자 형태로 되어 있다. 이런 형태의 배관을 U-seal 배관이라고 하는데, 수평으로 연결된 배관이 아래로 볼록하게 U자 모양으로 내려왔다가 수직으로 세면대에 연결된다. 이 배관의 핵심은 바로 아래로 볼록한 구간이다.

볼록한 구간은 세면대에서 내려간 물이 지나가는 부분으로, 내려가던 물의 일부분은 볼록한 부분에 고여 있을 수밖에 없다. 지저분한 물이 고여 있다니 비위생적으로 느껴지겠지만, 이렇게 고여 있는 부분이 오히려 유

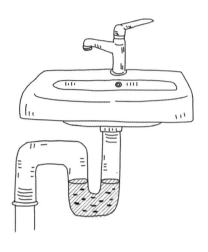

그림28 세면대 배관의 구조

익한 역할을 한다. 볼록한 부분에 물이 고여 있기 때문에 하수구 냄새가 세면대로 올라오지 않는 것이다. 만약 배관이 하수구에 직선 형태로 연결되어 있다면 하수구 냄새가 그대로 세면대로 올라오게 된다. U-seal 배관은 수많은 맨홀과 연관되어 있다. 길거리에 있는 맨홀 뚜껑에 적힌 글씨를 보면 그 맨홀이 도시가스인지 상수도인지를 알 수 있다.

맨홀 가운데 오수와 우수라고 쓰여 있는 맨홀이 있다. 오수는 더러운 물을, 우수는 빗물을 뜻한다. 맨홀은 모양이 비슷해서 구별하기 어렵지만, 자세히 보면 우수 맨홀에는 구멍이 여러 개 뚫려 있다. 오수는 가정에서 나오는 생활하수와 기업에서 나오는 폐수가 모이는 곳이며, 지역에 있는 하수처리장으로 흘러간다. 늘 더러운 물을 처리하기에 하수처리장 주변에서는 어쩔 수 없는 악취가 난다. 그러나 하수처리장을 거쳐야만 강으로 배출될 수 있다. 우수는 빗물관으로 쏟아지는 비를 모아 강물로 배출하는 역할을 한다. 빗물을 모아서 처리하지 않으면 하천이 범람하거나 홍수가 일어날 수 있다.

우수와 오수는 엄격히 구별되어야 한다. 만약 오수를 우수 쪽으로 보내게 되면 하수처리가 되지 않아 강물을 오염시킬 수 있으며, 우수를 오수 쪽으로 보내면 하수처리장에서 처리해야 하는 물의 양이 많아져 제대로 기능할 수 없다.

⚙──• 플랜트에서 드레인 시스템은 어떻게 쓰일까

하수나 오수를 처리하는 시스템을 드레인 시스템이라고 한다. 플랜트에서도 필수 시스템이다. 드레인 시스템은 눈에 잘 띄지는 않지만 시스템이 없거나 기능에 문제가 발생하면 불편한 것은 물론이고, 오물의 역류로 인한 장치 오염 같은 큰 피해를 볼 수 있다. 플랜트의 드레인 시스템은 처리하는 물질에 따라 세부적으로 나눌 수 있다.

첫째, 빗물을 처리하는 오픈 드레인 시스템Open drain system이 있다. 플랜트에 쏟아지는 빗물을 그대로 모아서 강물에 버리기도 하고, 빗물에 기름이나 화학물질이 있으면 함께 버려질 수 있어 제거하고 내보낸다.

둘째, 플랜트의 오수를 처리하는 클로즈드 드레인 시스템Closed drain system이 있다. 이 시스템은 기름 성분이 많은 하수나 사무실 등에서 나오는 하수를 처리한다. 기름을 걸러내고 각종 화학약품 처리를 하는 등 오픈 드레인 시스템보다 꼼꼼하게 정화한다.

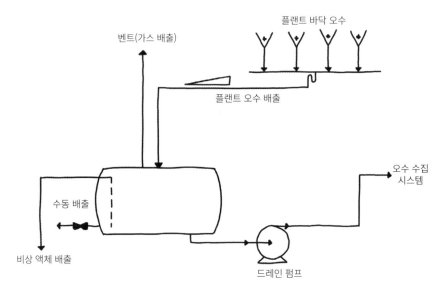

벤트(가스 배출)

플랜트 바닥 오수

플랜트 오수 배출

오수 수집
시스템

수동 배출

비상 액체 배출

드레인 펌프

그림29 플랜트의 드레인 시스템

셋째, 플랜트의 화학물질이나 기름 등을 바로 받아내는 케미컬 드레인 시스템Chemical drain system이 있다. 화학물질이나 기름이 담긴 탱크로부터 그대로 배출된 물질을 처리할 때 활용하는 시스템이다. 화학물질이나 기름을 분리하거나 중화 처리를 한 후 클로즈드 드레인 시스템으로 보내기도 하고, 별도로 처리하기 위해 저장해두었다가 전문 처리 시설로 보내기도 한다.

플랜트에서 드레인 시스템을 활용할 때는 신경 써야 할 것들이 있다. 드레인 시스템은 처리할 물질의 유형, 유속, 시스템 용량을 비롯해 특정 요구 사항을 충족하도록 설계하고 구성해야 한다.

또한 드레인 시스템을 정기적으로 청소하고 유지관리해 시스템이 제대로 작동하도록 한다. 시스템이 막혀서 폐수가 범람하는 사고를 방지하는 것이다. 드레인 시스템에 사용되는 재료는 시스템 구성 요소가 부식되어 성능이 떨어지는 것을 막기 위해 배수되는 화학물질, 폐액에 견딜 수 있어야 한다.

환경과 관련된 사항도 고려해야 한다. 드레인 시스템에서 폐액을 배출할 때는 주변 환경에 부정적인 영향을 미치지 않도록 반드시 환경 규정을 준수한다.

마지막으로 비상 대응 계획을 수립해야 한다. 적절한 비상 대응 계획은 드레인 시스템에서 누수가 발생할 경우 피해를 최소한으로 막고, 직원과 주변 환경의 안전을 보장한다.

8

위험한 가스를
신속하게 배출해주는
가스 배출 설비

굴뚝에서 나오는 하얀 연기의 정체

추운 겨울에 보일러를 가동하면 바깥 굴뚝으로 흰 연기가 나온다. 연기가 하얗게 보이는 이유는 가스에 수증기가 포함되어 있기 때문이다. 플랜트에서는 더욱 많은 흰 연기와 붉은 화염을 뿜어내는 경우도 있다. 이렇게 가정이나 플랜트에서 나오는 연기를 배출가스 또는 플레어Flare 연소가스라고 한다.

배출가스는 대부분 수증기와 이산화탄소, 질소로 이루어져 있다. 발전소는 석탄, 가스, 바이오매스(폐목재, 볏짚 같은 유기성 폐자원) 등을 태워 발생시킨 열로 물을 데워 증기로 만든다. 이 증기로 터빈을 돌려 전기를 생산하는 과정에서 원료를 태우기 때문에 배출가스가 발생하게 된다. 기본적으로 탄화수소(탄소와 수소가 결합한 상태, 대부분 화석연료)가 산소와 결합하는 연소 과정을 거치면 이산화탄소와 물이 생긴다. 탄소와 수소, 질소나 황이 산소와 결합한 질소산화물, 황산화물도 나온다. 이러한 산화물들은 이산화탄소, 물과는 달리 환경에 즉각적인 영향을 주므로 환경 문제를 일으키지 않는 수준으로 처리해서 배출한다.

⚙—• 플랜트에서 가스는 어떻게 처리될까

여러 플랜트와 산업 시설이 모여 있는 산업단지를 지나갈 때 굴뚝에서 나오는 붉은 화염을 본 적이 있을 것이다. 이 화염의 정체는 플레어 연소가스이다. 배출가스는 탄화수소가 연소되는 부분이 보일러여서 화염은 보일러 안에서 발생하고, 배기가스만 굴뚝으로 나오므로 화염이 보이지 않는다. 그런데 플레어 연소가스는 가스를 직접 굴뚝에서 태우기 때문에 화염이 보이는 것이다.

플레어 연소가스가 나오는 상황은 크게 보면 두 가지이다. 하나는 플랜트가 정상 운영이나 가동을 중지한 상태에서 장치 청소 같은 유지보수를 하기 위해 가스를 내보내는 경우다. 가스 제품을 만들었는데, 판매하기에는 품질이 좋지 않아 어쩔 수 없이 태워버리는 경우도 있다. 이 상황은 언제, 어떻게 플레어 연소가스를 내보낼지 계획하고 통제할 수 있다. 다른 하나는 플랜트에 어떤 물질이 누출되거나 화재 사고가 발생해 긴급하게 내부의 물질을 밖으로 빼내야 하는 경우다. 갑작스러운 상황에서 가스를 내보내는 것이므로 미리 예상하고 계획해 내보낼 수 없다.

어떤 경우든 가스를 처리할 때는 액체와 가스 상태의 물질을 분리해 처리한다. 가스 물질은 액체를 제거하여 태워서 버린다. 그림30은 전형적인 플레어 시스템을 보여준다. 우선 가스가 넉아웃 드럼Knockout drum이라는 곳을 통과하면서 액체를 제거한다. 그다음 플레어 헤더Flare header와 플레어 스택Flare stack을 지나 플레어 팁Flare tip이라는 굴뚝의 끝부분을 통해 배출되면서 가스에 불이 붙는다. 이때 불을 붙이기 위해 파일럿에는 늘 작은 불꽃이 켜져 있다. 넉아웃 드럼에서 액체를 제대로 제거해주지 않으면

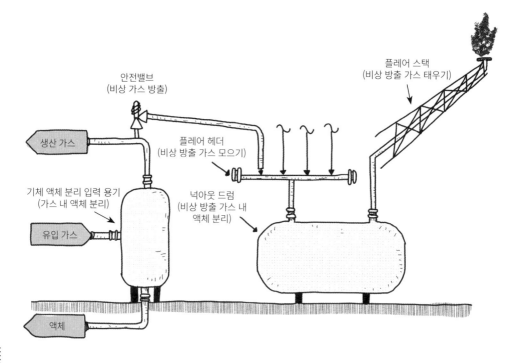

그림30 플랜트의 플레어 시스템

가스와 함께 위로 올라가 타는데, 액체에 불이 붙어 밑으로 떨어지면서 큰 화재 사고가 날 수 있다.

플레어 시스템은 폐가스를 태우고 유해물질을 대기로 방출해주는 안전하고 통제된 방법이다. 플레어 시스템을 활용할 때는 다음 핵심 사항을 지켜야 한다.

플레어 시스템에는 공정에 비상 상황이 생겨서 빨리 가스를 배출할 수밖에 없는 상황을 방지하기 위해 안전하고 신뢰할 수 있는 점화 시스템을 갖춘다. 점화 시스템이 잘 작동하는지, 폐가스가 방출될 수도 있는 장치의 부분이 막히거나 과도하게 압력이 올라가지 않도록 가스 흐름이 적절한지 확인한다.

플레어 시스템의 정기적인 유지보수와 검사는 시스템이 제대로 기능할 수 있게 하며, 고장을 방지한다. 예기치 않은 사건이나 오작동이 발생할 경우를 대비해 비상 정지 시스템을 갖춘다.

마지막으로 플레어 시스템은 주변 환경에 줄 수 있는 영향을 최소화하기 위해 해당 지역이나 국가의 모든 환경 관련 규정과 방출 제어 표준을 준수해야 한다. 가스 배출량을 정기적으로 모니터링하고 항상 규정을 준수할 수 있도록 배출량을 조절한다.

화재와 폭발을 방지하는 소방 시스템

9

⚙——건물과 사람을 보호하는 스프링클러

소방 시스템은 주택과 건물에서 화재 또는 폭발 확산을 진압하고 방지하는 시스템이다. 가스가 누출되면 알람이 울리는 센서, 화재가 발생하면 물을 뿌려서 불을 꺼주는 시스템 등이 있다. 안전과 관련해 반드시 갖추어야 할 시스템이며, 다음과 같은 것들이 있다.

가장 흔히 볼 수 있는 스프링클러 시스템이 있다. 건물 천장에 설치하여 화재가 발생하면 급수관에 연결된 스프링클러 헤드가 물을 재빠르게 내뿜어 화재를 진압한다. 다시 말해 불이 나면 자동으로 물이 분무되어 화재를 진압하는 시스템이다.

스프링클러 시스템이 작동해 화재를 진압하기 전에 불이 났다는 것을 가장 빨리 감지하고, 소방서에 출동을 요청하는 화재경보 시스템이 있다. 화재경보 시스템은 건물에 있는 사람들에게 화재를 알리도록 설계되어 있다. 이 시스템은 일반적으로 연기감지기, 화재경보기, 소화전 설비로 구성된다. 연기감지기가 연기를 감지하면 화재경보기를 작동시켜 건물에 있는 사람들에게 알려서 대피할 수 있게 해준다.

스프링클러 시스템 같은 자동 소화 시스템은 모든 곳에 적용되기 어렵다. 그래서 집이나 건물에는 늘 휴대용 소화기를 비치해야 한다. 작은 특정 구역에 불이 났을 때 사람이 직접 소화기로 불을 끌 수 있다. 소화기는 건조 분말 소화제 같은 화재 진압 물질로 채워져 있다. 소화기를 상황에 맞게 활용하면 화재를 빠르게 진압하고 불길이 다른 곳으로 번지는 것을 막을 수 있다.

일반적인 소방 시스템뿐만 아니라 상황과 장소에 맞는 시스템도 있다. 예를 들어 주방용 화재 진압 시스템은 특별히 상업용 주방에 맞춰 설계되어 있다. 주방에서는 각종 기름을 자주, 많이 쓴다. 주방에 화재가 발생하면 유류 화재에 적합한 화재 진압제와 화재 진압 기술을 조합해 진압할 수 있다.

최근에는 데이터센터용 화재 진압 시스템이 중요해지고 있다. 데이터센터는 컴퓨터 서버, 통신 장비와 기타 전자 장치를 갖춘 중요한 인프라이다. 통신과 관련된 데이터센터에 화재가 발생하면 전국 통신망이 마비될 정도로 심각한 문제가 발생한다. 데이터센터에 화재가 났을 경우 전기화재에 적합한 화재 진압제와 화재 진압 기술을 조합하면 화재로 인한 손상을 막을 수 있다.

⚙———• 플랜트에서 무엇보다 중요한 소방 시스템

소방 시스템은 플랜트에서도 화재를 예방하고 화재 사고를 줄여주는 아주 중요한 시스템이다. 소방 시스템에는 화재 감지 및 경보 시스템, 화재 진압 시스템, 비상 대피 계획이 포함되어 있다. 위험물질이 유독 많은 화학 플랜트에서는 다음과 같이 적절한 소방 시스템을 설계해 운영해야 한다.

첫째, 화재를 신속하게 감지하고 경보 신호를 제공하는, 효과적인 화재 감지 시스템을 마련한다. 화재 감지 시스템은 연기감지기, 열감지기, 소화전 설비 등으로 구성된다.

둘째, 화재가 발생하면 이를 신속하게 진압할 수 있는 스프링클러, 포말 시스템 및 세정제 같은 화재 진압 시스템을 갖추어야 한다. 플랜트의 각 영역에 알맞은 화재 진압 시스템을 설계해 사용하는 것이 중요하다.

셋째, 비상 대피 계획을 수립한다. 비상 대피 계획에는 화재가 발생했을 때 대피할 지정 대피 경로, 집결 장소, 모든 직원에게 대피 계획을 설명하는 절차가 포함되어야 한다. 대형 화재나 폭발이 발생하더라도 비상 대피 계획에 따라 철저하게 행동한다면 인명 사고를 막을 수 있다.

넷째, 플랜트에 불에 잘 타지 않고 잘 견디는 내화성 재료를 적용한다. 아무리 화재 감지와 진압 시스템이 완비되었다고 해도, 일단 화재가 발생하면 확산을 막는 것이 중요하다. 따라서 플랜트에 있는 장치와 시스템에는 화재 확산을 막고 피난 시간을 확보할 수 있게 내화성 재료를 써야 한다. 내화성 재료로는 열을 받으면 부풀어오르는 팽창성 코팅이나 방화문 등이 있다.

다섯째, 모든 직원이 화재가 발생했을 때 자신이 할 일을 알고 있어야 한다. 이를 위해 반드시 정기적인 소방 훈련과 교육을 실시한다. 플랜트 구성이나 비상 대응 절차가 바뀔 수도 있으니 교육 내용을 주기적으로 업데이트해 재교육한다. 다만 반복 훈련을 하다 보면 사람들이 쉽게 질려서 피로감을 느끼고 오히려 교육 효과가 떨어질 수도 있으므로 시청각 자료나 체험 교육 등 다양한 수단을 활용한다.

10

플랜트의 쾌적함과 환기를 담당하는 HVAC 시스템

⚙️— 가정용 냉난방 시스템

배관 시스템 편에서도 설명한 HVAC 시스템은 여름에는 실내를 시원하고 쾌적하게, 겨울에는 따뜻하게 해주는 시스템이다. 일반적인 가정에서 쓰는 에어컨이나 환풍기가 여기에 해당된다. HVAC 시스템은 가정과 건물, 차량에 적용되어 온도와 습도, 공기 질 등을 제어한다.

가정용 HVAC 시스템은 분할 시스템으로, 실외기는 냉매를 압축해 공기를 식히고, 실내기는 냉각된 공기를 집안 전체에 분배한다. 개별 환기나 난방은 여전히 각 가정에서 제어하지만, 요즘에는 에너지를 절약하기 위해 건물 전체에서 통합적으로 제어하는 사례가 늘고 있다.

상업용 HVAC 시스템은 사무실 건물, 학교, 쇼핑센터에서 사용하는

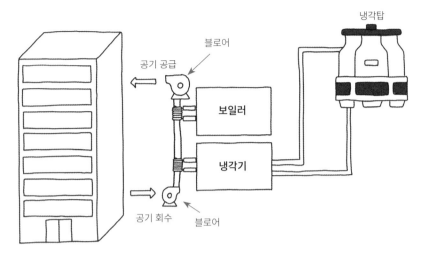

그림31 상업용 HVAC 시스템

시스템이다. 대부분 중앙에서 제어하고 관리한다. 가정용보다 훨씬 넓은 공간에 냉방과 난방을 해야 하므로 중앙 제어식으로 적용해야만 에너지 효율을 극대화할 수 있다.

자동차 실내의 온도와 환기를 조절해주는 것도 HVAC 시스템이다. 온도, 내부와 외부 공기의 순환을 설정하면 자동으로 제어해주는데, 실내 공기를 빠르게 식히거나 가열하도록 설계된다. 이 시스템을 통해 에어컨, 난방과 환기 상태를 조절함으로써 운전자가 편안하게 운전할 수 있도록 한다.

아직 우리나라에서는 보기 드문 친환경 HVAC 시스템도 있다. 이 시스템은 환경 친화적으로 설계되었으며, 태양열이나 지열에너지 같은 재생에너지로 시스템에 전력을 공급한다. 동남아시아의 경우 태양열을 활용해 난방과 온수를 공급하고, 지열에너지가 풍부한 아이슬란드도 이를 최대한 활용하고 있다.

⚙——· 플랜트의 쾌적함은 어떻게 유지될까

플랜트에 적용되는 산업용 HVAC 시스템은 대규모 제조 시설의 작업 환경을 쾌적하게 유지할 수 있게 온도와 습도를 제어한다. 그래서 가정이나 상업용 시스템보다 크고 복잡하며, 적절한 열 쾌적함과 공기 질을 보장하기 위해 특수 기술을 사용한다.

산업용 HVAC 시스템을 활용할 때는 다음과 같은 점을 고려해야 한다.

첫째, 정기적으로 유지관리한다. HVAC 시스템의 특성상 쉬는 날 없이 가동해야 하므로 혹시라도 정지되거나 문제가 생기면 플랜트 운전에 큰 영향을 줄 수 있다. 만약 여름에 에어컨이 제대로 가동되지 않는다면 운전원도 힘들고, 여러 단위 시스템의 온도를 유지할 수 없다. 이런 상황이 지속된다면 아예 플랜트 운영을 할 수 없는 상황까지 생긴다.

둘째, 플랜트 실내 공기의 오염을 방지하기 위한 배관, 필터, 기타 구성 요소를 정기적으로 청소하고 검사한다. 또한 냉각기나 가열기 같은 핵심 열교환 장치가 제대로 작동하고 있는지도 확인한다.

셋째, 온도를 제어하는 것도 중요하지만, 쾌적한 공기 질을 유지시켜주는 공기 여과도 중요하다. 화학 플랜트에서는 위험한 화학물질과 입자가 대기 중으로 방출되지 않도록 높은 수준의 공기 여과가 필요하다.

넷째, 공기 여과만으로는 내부 공기가 오염되는 것을 막을 수 없으므로 환기를 해야 한다. 공기 중에 있는 유해가스와 입자의 농도를 조절하려면 적절한 환기가 필수다. HVAC 시스템은 미세먼지나 유해가스의 농도가 사람이 흡입해도 괜찮을 만큼 실내 공기의 질을 유지하고, 신선한 공기를 충분히 제공하도록 설계한다.

다섯째, HVAC 시스템은 소방 작업을 위한 연기를 제어하고 환기시켜 안전에 중요한 역할을 한다. HVAC 시스템이 비상 상황에서 효과적으로 작동할 수 있도록 잘 설계하고 테스트를 거친 소방 시스템을 함께 갖추어야 한다.

여섯째, HVAC 시스템은 가열기나 에어컨을 활용하기 때문에 상당한 양의 에너지를 소비한다. 에너지를 너무 많이 소비하면 비용도 많이 들므로 철저하게 유지보수한다.

플랜트 운영의 핵심 유틸리티 1, 전기

11

◉———— 일상에서 쓰는 전기는 무엇으로 만들까

전기는 다양한 방식으로 생산된다. 한국전력공사의 2021년도 통계에 따르면, 우리나라에서 전기를 생산하는 방식은 석탄 34.3퍼센트, 원자력 27.4퍼센트, 가스 29.2퍼센트, 신재생 7.5퍼센트, 유류 0.4퍼센트, 양수(수력) 0.6퍼센트, 기타 0.6퍼센트이다. 우리나라에서 전기를 생산하는 대표적인 방식을 좀 더 살펴보자.

첫째, 가장 많은 부분을 차지하는 석탄 발전이 있다. 석탄 발전은 석탄을 태워서 발생하는 열을 활용하는 방식이다. 이때 열은 물을 가열해 증기를 만들고, 증기의 힘으로 발전기를 돌려 전기를 발생시킨다.

둘째, 원자력 발전이 있다. 원자력 발전도 석탄 발전과 비슷하나 석탄 연소 대신 핵분열 에너지를 활용한다는 점이 다르다. 원자력 발전은 핵분열 에너지를 활용해 물을 증기로 만든 뒤 터빈을 돌려 전기를 발생시킨다.

셋째, 가스 발전이 있다. 가스를 태워 열에너지를 발생시킨 다음 이를 활용해 증기를 만들어 발전하는 방식이다.

우리나라는 위의 세 가지 발전 방식이 거의 90퍼센트 이상을 차지하고 있다. 정부에서는 신재생에너지 사용을 확대한다고 하지만, 여전히 석탄이 많은 부분을 차지하고 있고 원자력과 가스도 중요한 전력 발전원임을 알 수 있다.

최근 들어 기후변화 문제가 대두되면서 점차 석탄 대신 가스와 신재생에너지의 비율이 높아지고 있는 점은 다행이다. 이에 맞춰 우리나라는 2030년까지 재생에너지의 비율을 20퍼센트로 올리겠다는 '재생에너지 3020 이행계획'을 발표했다. 앞으로 전통적인 방식의 전기 생산 방식을 대체할 수 있는 방법을 치열하게 고민하고, 더욱 노력해야 한다. 무엇보다 전기에너지는 일정하게 안정적으로 공급되어야만 한다는 점에서 그렇다. 낮에만 발전할 수 있는 태양광, 바람이 불 때만 발전할 수 있는 풍력은 이러한 조건을 충족하지 못한다.

전기에너지의 품질 면에서도 중요한 것이 있다. 바로 전기에너지의 힘(강도)을 나타내는 전압이다. 우리나라는 과거에 110볼트를 사용하다가 현재는 220볼트를 사용하고 있고, 산업 시설에서는 380볼트를 사용하고 있다. 숫자가 높을수록 전압이 높다는 뜻이므로 숫자가 높을수록 전기포트의 물을 더 빨리 끓일 수 있고, 전기가 전선을 타고 가는 동안 전력의 손실도 적다. 가정에서 사용하는 220볼트는 강도가 세다 보니 감전 사고가 발생할 경우 위험도 크다는 단점이 있다. 그렇다고 너무 걱정하지 않아도 된다. 요즘 전기제품에는 접지가 되어 있어서 크게 부주의하지만 않으면 사실상 문제가 없다고 봐도 된다.

⚙ 플랜트에서 전기를 잘 사용하려면

플랜트의 전기 시스템은 공정과 장치의 원활한 작동을 보장한다. 플랜트를 운영하는 데 필요한 펌프, 팬, 모터 그리고 기타 전기 장비들을 작동시키는 전원을 제공하려면 전기 공급 시스템이 무엇보다 중요하다. 그래서 전기 시스템은 다음 사항을 중심에 두고 설계한다.

첫째, 전력 분배 시스템이다. 플랜트 내 모든 전기 장비에 전력을 공급하는 전력 분배 시스템은 전력을 효율적이고 안전하게 전달하도록 설계되어야 한다. 산업 시설에서는 큰 힘이 필요하기 때문에 대부분 380볼트를 쓴다. 대형 펌프나 압축기 등을 가동하기 위해 높은 전압을 쓰는 만큼 안전한 전력 분배 시스템이 중요하다.

둘째, 접지 시스템은 사람과 장비를 감전으로부터 보호하는, 전기 시스템의 구성 요소이다. 의도하지 않았는데 지나치게 많은 전기에너지가 공급되는 경우 사람이나 장비에 피해를 줄 수 있다. 이때 적절한 접지 시스템은 접지에 대한 전기저항이 낮은 경로를 제공하고, 감전 위험을 줄여준다.

셋째, 단락이란 전류가 정상일 때보다 갑자기 늘어나 전기 화재가 발생하거나 감전을 일으키는 것을 말한다. 단락 보호는 전기 시스템의 중요한 안전 기능으로, 단락될 때 전기 공급을 자동으로 차단해 인력과 장비를 안전하게 지킨다.

넷째, 과도한 전류 흐름으로 인해 전기 장비가 손상되는 것을 방지해야 한다. 과부하가 걸리면 전기 공급을 자동으로 차단하는 장치를 설치한다.

다섯째, 체계적으로 잘 작성된 안전 절차를 마련한다. 안전 절차에는 전기 시스템 정기 검사, 전기 장비 테스트, 적절한 전기 안전 장비의 사용, 직원 교육이 포함되어 있어야 한다. 이러한 절차를 올바르게 준수하면 인력과 장비를 안전하게 보호하고, 전기 시스템의 신뢰성을 보장할 수 있다.

어쩌면 전기보다 중요한
유틸리티 2, 공기

⚙ —— 등산로 에어건의 바람이 센 이유

등산로 입구에는 등산을 하다 묻은 흙먼지를 털어내는 에어건이 있다. 에어건을 처음 쓰는 사람은 생각보다 강하게 배출되는 공기와 큰 소음에 당황하기도 한다. 다시 말해 공기의 압력이 상당하다는 뜻이다. 그래서 절대 사람의 얼굴에는 사용하지 말라는 경고문이 붙어 있다. 이렇게 강력한 공기는 어떻게 만들어지는 걸까.

에어건에서 나오는 공기는 압축공기로, 앞서 살펴본 공기압축기라는 장치를 통해 만들어진다. 에어건 같은 소형 압축기는 단순히 대기 중 공기를 흡입해 압력을 높여 공급하는 압축기다. 그럼에도 흡입한 공기를 압축할 수 있는 별도 시스템이 있다.

에어건이 놓인 주위에는 부스나 창고 형태로 공기압축기실이 설치되어 있다. 주위에 없으면 좀 더 멀리 떨어진 곳에라도 반드시 공기압축기실이 존재한다. 압축기실 안에는 작은 공기 압축 시스템이 갖춰져 있다. 공기압축기는 공기를 흡입하는 부분을 통해 대기 중에서 빨아들인 공기의 압력을 높인다. 압력이 높아진 공기는 먼지와 불순물을 제거해주는 필터를 거쳐 에어건으로 공급된다. 그런데 공기를 활용할 때마다 공기압축기가 계속 켜졌다 꺼졌다 하면 장치에 무리가 가고 수명이 짧아질 우려가 있다. 이를 방지하기 위해 안정적으로 공기를 공급할 수 있도록 압축공기 저장 탱크가 함께 설치되어 있다.

압축공기 저장 탱크는 보통 하한과 상한 압력이 지정되어 있다. 공기를 소모하면서 하한 압력에 도달하면 압축기가 가동되고, 공기 소모량은 없고 압력만 계속 높아져 상한 압력에 도달하면 압축기가 정지된다.

공기압축기 시스템은 전기로 모터를 돌리기 때문에 주기적으로 점검하지 않으면 고장 나기 쉽다. 그래서 지차체에서는 주기적으로 에어건이 설치된 곳의 공기압축기 시스템을 점검한다.

⚙── 플랜트에서 공기를 잘 사용하려면

플랜트의 공기압축기 시스템은 에어건의 공기압축기 시스템과 비슷하다. 그러나 거대한 규모의 플랜트에서는 공기 질까지 엄격하게 관리해야 하므로 다음과 같이 복잡하고 큰 시스템 구성이 필요하다.

공기압축기는 보통 두세 대를 병렬로 설치한다. 한 대만 설치하면 장치가 고장 났을 때 공기를 공급하기 어렵기 때문이다. 플랜트에서 공기를 많이 소비하는 경우에는 공기압축기가 고장 나면 해당 부분을 일부러 차단하기도 한다. 비상시 자동밸브를 못 움직일 정도로 공기압축기의 압력이 낮아지거나 공기압축기 전체가 작동하지 않으면 아예 플랜트 운영을 멈춘다.

공기압축기의 앞과 뒤에는 정교한 필터를 설치한다. 대기 중 공기에는 산소와 질소, 아르곤 등 각종 기체뿐만 아니라 수분과 먼지까지 포함되어 있다. 이 가운데 수분과 먼지는 반드시 제거해야 공기압축기에도 문제가 없고, 플랜트 곳곳에 활용될 수 있다.

공기압축기 뒤에는 공기냉각기를 설치한다. 공기냉각기는 공기를 압축한 뒤 높아진 온도를 대기 온도 수준으로 낮춰준다.

압축된 공기가 저장되는 압축공기 저장 탱크는 플랜트에 필요한 공기

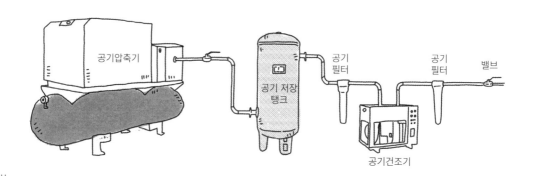

그림32 플랜트의 공기 시스템

의 일정량을 저장할 수 있도록 크게 제작해야 한다. 플랜트에 비상 상황이 생길 때 작동해야 하는 자동밸브에 공기가 공급되지 않으면 밸브가 작동하지 않는다. 이렇게 되면 플랜트에 큰 피해를 주는 사고가 일어날 수 있으므로 중요한 장치들을 작동시키는 데 필요한 양과 여유분을 계산해 설계한다.

또한 압축공기 저장 탱크는 많은 수분을 잘 배출할 수 있어야 한다. 공기에는 상당한 양의 수분이 포함되어 있다. 여름철에 차가운 병을 실내에 놓아두면 금세 이슬이 맺히는 현상에서 알 수 있다. 대기 중 기체 상태의 수분 입자가 차가운 병에 부딪히면서 액체로 변해 맺히는 것이다. 대기 중 수분을 압축해서 이를 냉각하면 응축된다. 플랜트에서는 대량의 공기를 활용하기 때문에 그만큼 수분이 많이 응축된다. 그래서 압축공기 저장 탱크에서도 주기적으로 수분을 배출해야 한다. 탱크 뒤에 배관이 있고 물이 고이는 구조로 되어 있다면, 물이 가득 차서 시스템 전체를 가동할 수 없을 정도로 심각해질 수 있다.

그럼 이렇게 압축한 공기는 플랜트 어디에 공급되어 활용될까?

첫째, 다양한 밸브를 움직일 때 활용된다. 플랜트에서 사람의 힘으로 움직일 필요가 없는 자동밸브는 공기, 전기, 오일로 작동된다. 이 가운데 가장 많이 활용되는 것이 압축공기로, 공기만 잘 공급되면 고장 날 우려가 거의 없기 때문이다.

둘째, 공기가 필요한 시스템에 공급된다. 공기가 존재해야 발효되는 생물학적 반응기 공정이나 연소 보일러와 같이 공기가 공급되어야 원료가 연소되는 경우처럼 화학 반응이 일어날 때 공기가 필요하다. 대기 중에 있는 공기를 그대로 활용할 수도 있다. 그러나 공기에는 수분이나 다양한 불순물도 포함되어 있기 때문에 최대한 정제해 공급해야 장치를 오래 쓸 수 있고, 성능을 잘 발휘할 수 있다.

셋째, 플랜트 곳곳에 공기를 공급하기 위해 설치된 유틸리티 스테이션에 공급된다. 운전원이 필요에 따라 공기를 이용하는 경우를 위해서다. 어떤 탱크 내부를 검사하고 수리해야 하는데, 액체 유독물질로 가득 차 있다면 비워내야 한다. 그런데 아무리 깨끗이 비워낸다고 해도 탱크 내부에는 기체 상태의 유독물질이 존재할 수 있다. 그래서 먼저 유틸리티 스테이션에서 질소를 가져와 기체 물질을 내보내는 퍼징을 한다. 유독물질이 다 날아갔다고 해서 운전원이 탱크에 들어가면 질소에 의한 질식으로 사망하는 중대 재해가 발생할 수 있다. 공기 농도가 사람이 작업해도 문제없는 수준이 되어야만 탱크 내부에 들어갈 수 있다.

팔방미인 비활성기체 유틸리티 3, 질소

⚙——· 과자가 눅눅해지거나 썩지 않는 비결

질소는 지구 대기의 약 78퍼센트를 차지하고 있다. 질소는 화학적으로 매우 안정적이고 반응성이 낮아서 생활에서도 많이 활용된다.

질소는 식품을 보존하는 데 가장 많이 활용된다. 식품의 신선도를 보존하고 부패를 방지하기 위해 식품 포장에 질소를 넣는다. 질소가 박테리아, 곰팡이, 식품을 부패시킬 수 있는 기타 미생물이 살기 힘든 환경을 만들어주기 때문이다. 우리나라 과자는 '질소 과자'라는 별명이 붙었을 만큼 포장에 질소를 많이 넣는다. 그러나 질소가 너무 적어도 식품의 신선도를 유지할 수 없고, 부패를 막을 수 없다.

질소는 소화기의 주원료이기도 하다. 질소 소화기는 물이나 거품 소화기로 끌 수 없는 대형 화재에 쓴다. 화재를 진압할 때는 연소의 3요소(연료, 열, 산소) 가운데 하나 이상 제거해야 하는데, 질소는 불에서 산소가 반응하지 못하게 만들어 화염을 효과적으로 진압할 수 있다.

정제된 질소는 안정성이 높고 수분도 거의 없어 자동차 타이어를 팽창시키는 데에도 사용된다. 일반 공기를 사용할 수도 있지만, 산소와 수분이 들어 있어 부품이 부식되기 쉽다. 질소를 넣으면 적절한 타이어 압력을 유지할 수 있고, 금속 부품의 부식 위험도 줄일 수 있다.

⚙──플랜트에서 질소를 잘 사용하려면

질소는 화학 플랜트에서 다양한 공정과 응용 분야에 중요한 역할을 한다. 질소는 퍼징, 봉입 제어Blanketing를 위한 비활성가스와 가연성 액체, 그리고 가스의 산화나 연소를 방지하기 위한 환경을 만들어준다. 또한 냉각과 온도를 제어하고, 화학물질의 압력을 높여주며 이송에 활용된다. 제약, 반도체 생산 플랜트에서는 질소가 환경을 제어하고 오염을 방지하기 위한 공정 가스로 사용된다.

질소는 플랜트에서 다양하게 사용되는데, 정리하면 다음과 같다.

첫째, 정화에 사용된다. 질소는 저장된 물질의 산화와 오염을 방지하기 위해 배관과 저장 탱크에서 공기나 기타 유해가스를 대체한다. 이 경우 적절한 퍼징을 할 수 있도록 질소의 유량, 압력, 순도를 주의 깊게 모니터링하고 제어해야 한다.

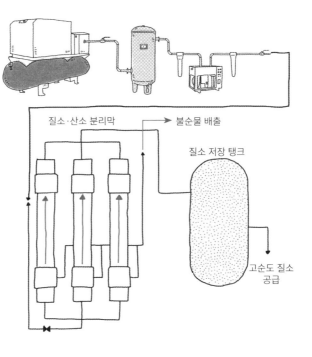

질소·산소 분리막

불순물 배출

질소 저장 탱크

고순도 질소
공급

그림33 플랜트의 질소 시스템

둘째, 봉입 제어에 사용된다. 봉입 제어란 증발과 산화, 화재를 방지하고자 저장된 액체 위에 질소를 넣는 것이다. 봉입 제어를 효율적으로 활용하려면 질소의 유량과 압력을 신중하게 제어해야 한다. 또한 저장 탱크는 적절하게 밀봉해야 공기 침투를 막을 수 있다. 과자에 질소를 충전하는 것과 비슷하지만, 탱크같이 상대적으로 큰 규모에서도 이를 유지하려면 설계하고 제작할 때 상당한 노력이 든다.

셋째, 냉각에 사용된다. 화학 플랜트에서는 반응 혼합물과 직접 접촉하거나 열교환기를 사용한 간접 냉각에 질소가 사용된다. 이 경우 불순물이 반응 속도와 안정성에 영향을 줄 수 있으므로 질소의 순도가 중요하다.

넷째, 불활성화에 사용된다. 질소는 화재와 폭발을 방지하기 위해 위험 지역에서 산소 농도를 줄여준다. 정기적으로 산소 농도를 측정하고, 질소의 유량을 조절해 안전한 수준을 유지해야 한다.

다섯째, 운송에 사용된다. 질소는 종종 배관에서 반응성 가스나 가연성 가스를 운송하기 위한 운반 가스로 사용되는데, 잘 관리하지 않으면 위험할 수 있다. 이를 방지하기 위해 적절한 비상 대응 계획을 수립하고, 질소와 기타 가스 유량, 압력과 온도를 계속 모니터링한다.

14

물질을 가열하는 최고의 유틸리티 4, 증기

⚙───• 다양한 곳에 활용되는 증기

증기는 기체 상태의 물로, 여러 방면에 활용되고 있다. 우선 요리에 활용되는 증기가 있다. 채소, 생선, 쌀 등 다양한 음식을 증기로 조리한다. 증기로 음식을 조리하는 방법은 수분과 영양분을 유지해주므로 삶거나 튀기는 방법보다 좋다. 짧은 시간 안에 많은 손님에게 밥을 제공해야하는 대규모 식당에서는 대부분 증기로 쌀을 쪄서 밥을 짓는다.

살균할 때도 증기를 활용한다. 가정에서는 식기나 수건을 증기로 쪄서 살균한다. 의료와 식품 산업에서도 고온의 증기로 박테리아와 병원균을 살균한다.

증기가 가장 널리 활용되는 분야는 난방이다. 열병합 발전이나 중앙

난방은 발전 시설에서 열을 공급받아 난방을 한다. 이때 공급받는 열이 증기를 통해 만들어진다. 개별난방으로 증기를 만드는 것보다 한 플랜트 설비에서 증기를 한꺼번에 만들어 가정에 공급하면 열효율을 크게 높일 수 있다. 이는 열전달 측면에서도 상당히 효율적이다.

이렇게 유용한 증기가 때로는 사람에게 심각한 화상을 일으키기도 한다. 증기를 이용해 일할 때는 늘 주의를 기울이고 안전 조치를 따라야 한다.

⚙──• 플랜트에서 증기를 잘 사용하려면

아주 광범위한 분야에 사용되는 증기는 플랜트의 필수 자원이다. 증기는 플랜트에서 주로 난방, 발전을 하거나 에너지와 물질의 전달 매체로 사용된다. 또 열을 기계에너지로 변환하는 증기 터빈이나 보일러를 작동시킨다.

플랜트에서 증기를 활용하는 방식은 크게 세 가지로 나눌 수 있다.

첫째, 가열 공정에 활용된다. 증기는 물을 끓여서 만들기 때문에 깨끗하고 효율적인 열원이며, 화학 플랜트에서 널리 사용되는 가열 방법이다. 물을 액체 상태에서 기체로 만들 때 매우 큰 에너지가 필요하다. 다시 말해 기체일 때 많은 에너지를 가지고 있다는 뜻이므로 가열 반응기, 열교환기, 기타 공정 장치에 널리 활용된다.

둘째, 화학물질을 분리하기 위한 증류 공정에 활용된다. 증기는 높은 열에너지를 가지고 있어 화학물질을 증발시킬 수 있다. 그래서 원하는 물질을 쉽게 분리하고 정제할 수 있다.

셋째, 발전에 꼭 필요한 유체이다. 증기 터빈은 일반적으로 화학 플랜트에서 전기를 생산하는 데 사용된다. 보일러에서 생성된 고압 증기가 터빈을 구동하는 에너지원이 되어 전기를 생산한다. 현재 우리나라 대부분의 전력을 공급하는 화력 발전소와 원자력 발전소에서도 물을 끓여 증기를 발생시키고, 이 증기로 터빈을 돌려 발전하고 있다.

이렇게 유용한 증기를 제대로 취급하지 않으면 아주 위험하다. 증기의 압력이 너무 높으면 폭발하거나 장비를 손상시키므로 주의 깊게 제어해야 한다. 증기의 과도한 압력 상승과 사고를 예방하기 위해 반드시 안전밸브를 설치한다. 이와 함께 증기 배관은 열손실을 방지하고 사람이 화상을 입지 않도록 절연한다.

증기 시스템은 정기적으로 유지보수한다. 증기 누출 여부 확인하기, 압력 수준이 잘 유지되는지 모니터링하기, 정기 검사 시행하기 등을 통해 안전하고 효율적으로 작동하도록 한다. 무엇보다 증기 시스템을 이용하는 작업자는 언제든 사고가 일어날 수 있다는 점을 인지하고 있어야 한다. 이에 따라 장비를 안전하게 작동할 수 있도록 적절한 교육을 받고, 비상시 증기 시스템을 종료하는 방법을 숙지한다.

결코 없어서는 안 될
유틸리티 5, 물

⚙ ──→ 정수기가 수돗물을 정수하는 원리

　　정수기는 수돗물을 정수해 물을 깨끗하게 만드는 기구다. 요즘은 식
당과 회사는 물론이고, 많은 가정에서도 정수기를 사용하고 있다. 정수기
제조 기업마다 다양한 정수기를 내놓고 있는데, 정수기가 물을 정수하는
방식은 크게 직수형 방식과 역삼투압형 방식이 있다.

　　직수형 방식은 중공사막 필터를 사용해 정수한다. 중공사막 필터는
가운데가 빈 폴리에틸렌 섬유로 만들어진 필터다. 가느다란 관 형태의 필
터를 수십에서 수백 가닥 묶은 다음 압력을 가해 물은 빈 곳을 통해 외부
로 빠져나가도록 하고 오염물질은 통과되지 못하도록 한다. 그래서 수돗
물을 필터링해 바로 마실 수 있다. 직수형 정수기 내부는 여러 개의 필터

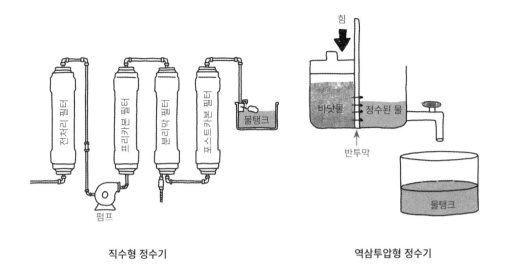

직수형 정수기 　　　　　　　　　　 역삼투압형 정수기

그림34 정수 방식에 따른 정수기의 종류

와 관련 부속품들로 이루어져 있고, 별도의 저장 탱크가 없다. 이런 구조 덕택에 가볍고 작을 뿐만 아니라 장치 내부의 구성이 단순해서 디자인도 예쁘게 만들 수 있다. 그러나 역삼투압형 정수기보다 정수 능력이 떨어진 다는 단점이 있다. 다만 정수한 후에도 유용한 미네랄 성분이 많이 남아 있으므로 적당히 수질이 관리되는 수돗물을 정수할 때 사용하면 큰 문제 는 없다.

　다음으로 역삼투압 원리를 이용하는 역삼투압형 방식이 있다. 정수기 내부에 역삼투막을 세워두고 압력을 가해 물 분자만을 한쪽으로 분리하기 때문에 깨끗한 물을 만들 수 있다. 박테리아 같은 물질까지 걸러낼 정도로 정수 능력이 탁월해 안심하고 쓸 수 있다. 그러나 물속 미네랄 성분까지 분리된다는 단점이 있고, 압력 펌프와 저수탱크가 필요해 직수형 정수기보다 부피가 크다. 역삼투압형 정수기는 바닷물을 민물로 바꿀 때도 사용된다.

가정에서는 장단점을 따져보고 각자 맞는 정수 방식의 정수기를 선택하면 된다. 하지만 거대한 플랜트에서는 어떤 정수 방식을 선택하느냐에 따라 비용이 달라지기에 선택할 때 더욱 신중해야 한다.

⚙── 플랜트에서 담수 시스템을 잘 사용하려면

플랜트에서 활용되는 담수 시스템은 공정에서 사용되는 물을 처리하고 보관하는 시스템이다. 이 시스템은 적절한 수처리와 취급을 위해 설계되고, 수질과 안전성이 가장 중요하다. 이를 위해 계속 수질을 분석하여 수질을 관리하고 수처리 공정을 수행하며, 수처리한 물은 적절하게 보관해야 한다. 아울러 물에서 불쾌한 냄새와 맛 등을 제거하는 처리 시스템도 갖춰야 한다.

이른바 물 부족 국가에서는 담수 플랜트가 꼭 필요하다. 국토 대부분이 사막인 중동 국가들은 담수 플랜트를 통해 물을 생산한다. 담수 플랜트는 바닷물을 끌어와 정수하는 플랜트로, 역삼투압 방식을 활용한다. 직수형 방식으로는 바닷물의 소금기를 제거할 수 없다. 중동 국가들에 있는 담수 플랜트의 규모는 1기당 대략 10~50만 톤/일인데, 서울에서 하루에 소비하는 물이 대략 340만 톤이라고 하니 플랜트에서 얼마나 많은 담수를 생산하는지 알 수 있다.

대형 플랜트뿐만 아니라 해상에 있는 원유나 가스 생산 플랜트, 그리고 바다를 항해하는 배에서도 역삼투압형 정수기로 담수를 생산해 활용한다. 담수 플랜트에서 담수를 생산할 때는 다음과 같은 점이 중요하다.

첫째, 공정에 사용되는 물은 순도, pH와 온도에 대한 필수 표준을 충족해야 한다. 표준에서 벗어나면 제품 품질에 영향을 주고 장비를 훼손할 수 있기 때문이다. 우리가 정수기를 주기적으로 점검받듯이, 수질이 필수 표준을 충족하는지 확인하려면 정기적으로 수질을 분석하고 모니터링을 진행한다.

둘째, 워터 해머Water hammer 예방이 중요하다. 직역하면 물 망치인 워터 해머는 수격이라고도 한다. 물의 흐름이 갑자기 멈추거나 방향이 바뀔 때 발생해 배관과 장비를 손상시키는 충격파를 만들어내는 것을 말한다. 워터 해머는 압력 릴리프 밸브, 공기 방출 밸브, 완충 탱크로 예방할 수 있다.

셋째, 부식은 수도 시스템에서 흔히 발생하며, 누수나 막힘, 고장의 원인이 될 수 있다. 큰 피해를 주는 부식을 방지하기 위해서는 배관을 코팅하고 부식 방지 재료를 사용한다. 시스템의 부식률을 꾸준히 모니터링하고 부식 관리 프로그램을 마련하면 부식 관련 문제를 예방할 수 있다.

넷째, 에너지 효율성도 중요하다. 물을 이동시키는 시스템 운영에는 상당한 양의 에너지가 소비된다. 에너지 효율이 좋은 펌프와 모터를 사용하면 에너지 소비와 운영 비용을 줄일 수 있다.

다섯째, 비상 종료 절차를 마련한다. 플랜트에 화재나 발생하거나 과

압으로 인해 장치가 터지는 등 비상 상황이 발생했을 때 장비 손상을 방지하고 운전원의 안전을 보장하려면 적절한 종료 절차가 있어야 한다. 비상 차단 밸브, 경보 및 통신 시스템을 설치하고 정기적으로 테스트해 제대로 작동하는지 확인한다. 운영자는 비상 절차에 대한 교육을 받고 장비에 대해 숙지하고 있어야 한다.

16

석탄과 석유를 대체하는
유틸리티 6, 가스

⚙ ── 도시가스는 어디에서 올까

자동차 연료인 가솔린, 경유 외에 우리가 늘 활용하는 에너지는 도시가스이다. 우리나라에서는 원유나 가스가 나오지 않는데, 도시가스는 어디에서 어떻게 만들어져 공급되는 것일까?

도시가스, 즉 천연가스는 주로 메탄으로 이루어진 연료이다. 천연가스에는 에탄, 프로판, 부탄 등 적은 양의 다른 가스도 들어 있다. 매우 가벼운 물질이라서 아주 높은 압력이나 낮은 온도가 아닌 이상 기체 상태로 존재한다. 도시가스 말고도 프로판가스나 부탄가스 역시 일상에서 연료로 많이 활용된다. 이들은 공기보다 무겁고 비교적 액체로 만들기 쉬워서 가스통에 담아 옮기기 편리하다.

가정용 도시가스는 배관망을 통해 공급된다. 도시가스의 배관망을 거꾸로 따라가면 점점 큰 배관이 나오고, 최종적으로 LNG 인수기지에 다다른다. 우리나라의 대표적인 LNG 인수기지는 평택, 인천, 통영, 삼척, 제주에 있고, 추가로 당진에 신규 기지 건설을 추진하고 있다.

액체 상태의 LNG는 운반선에 실려 해외로부터 수입된다. 천연가스는 대기압 상태에서는 영하 약 162도의 엄청난 극저온 상태여야만 액체가 될 수 있다. 이 때문에 운반선에 실려오는 과정에서 많은 양이 기체가 되어 손실되기도 한다(배의 연료로 활용되거나 다시 액화시키기도 한다).

LNG는 천연가스가 풍부한 나라에서 생산하고 만들어진다. 천연가스를 생산하는 나라에서는 굳이 LNG로 만들어 쓰지 않고 기체 상태로 생산한 뒤 파이프라인으로 공급해 사용한다. 그러나 우리나라나 일본처럼 파이프라인을 설치하기 힘든 지역에서는 LNG 형태로 수입한다. 천연가스를 LNG로 만들고, 이를 운송한 다음 다시 기체로 만들기가 번거롭기 때문에 그만큼 가격이 비싸다. 현재 러시아의 천연가스 수출 규제 같은 정치적 상황까지 겹치면 가격은 더욱 비싸지고 공급도 불확실해진다. 그래서 에너지 절약은 그냥 말로 그치는 것이 아니라 반드시 실천해야 할 일이다.

⚙ ── 플랜트에서 천연가스를 잘 사용하려면

천연가스는 기존의 석유나 석탄에 비해 온실가스 배출량이 상대적으로 적은 청정 연소 연료다. 완전한 친환경 에너지 시대로 가기 전에 석유와 석탄 에너지를 대체할 대안 가운데 하나로 꼽히고 있다. 쉽게 구할 수 있고 쉽게 운반할 수 있어 많은 산업 시설에서 선호하는 에너지원이기도 하다. 그러나 천연가스를 태우면 다른 화석연료보다는 적지만 온실가스인 이산화탄소가 나온다. 장기적으로 볼 때 천연가스 사용이 환경에 주는 영향을 염두에 두고 미리 대체 에너지원을 생각하고 있어야 한다.

플랜트 유틸리티의 관점에서 천연가스를 사용할 때 몇 가지 고려 사항이 있다.

첫째, 천연가스는 가연성이라서 누출되면 화재와 폭발이 일어날 수 있다. 누출을 감지하고 방지하기 위해 파이프라인과 기타 인프라를 정기적으로 검사해야 한다.

둘째, 천연가스는 가끔 사고나 극단적인 기상 상태로 인해 공급이 중단될 수도 있는 파이프라인을 통해 운송된다. 그래서 천연가스를 사용하는 플랜트에서는 늘 공급 중단에 대비해 차선책을 마련해두어야 한다. 또한 천연가스의 생산, 운송, 사용은 국가와 지역의 다양한 규제, 법률의 적용을 받는다. 법적·재정적 제재로 인한 공급 중단을 피하려면 이러한 규정을 숙지하고 준수한다.

셋째, 천연가스 비용은 전 세계의 수요와 공급에 따라 변동될 수 있으므로 시장 상황을 파악하고 비용 관리 전략을 수립하는 일도 중요하다.

플랜트 건설의 열쇠, 프로젝트 관리

⚙── 인테리어 결과가 만족스러우려면

모든 생활의 토대가 되는 집은 소중한 공간이다. 처음 집을 구매하면 이사하기 전에 많은 사람이 다시 인테리어를 한다. 그런데 인테리어 전문 업체에 의뢰했는데도 업체에 맡겼던 사람들 가운데 언짢아하는 사람이 꽤 많다. 결과가 전혀 마음에 들지 않거나 비용을 지급했는데도 업체에서 의뢰인이 요구한 대로 하지 않는 경우 때문이다.

관점을 바꾸어 생각하면 인테리어 업자도 수많은 일 가운데 하나를 하는 것일 뿐이다. 물론 성심성의껏 알아서 잘 해주는 업자도 있지만, 대부분은 옆에서 하나하나 관리하고 간섭하지 않으면 자신이 편한 대로 하곤 한다. 따라서 내가 원하는 대로 인테리어를 하고 싶다면 진행 상황을 옆에서 계속 지켜보아야 한다. 이러한 노력이 바로 프로젝트 매니지먼트의 일종이다.

프로젝트는 한정된 시간 안에 정해진 예산과 노력으로 어떤 일을 완수해내는 것을 가리킨다. 인테리어는 보통 정해진 금액과 기간에 따라 계약하므로 업자들도 정해진 예산과 노력에 맞춰 일한다. 인테리어를 의뢰한 발주자는 업자가 과연 계약 사항을 제대로 이행하는지 꾸준히 관리해야 한다. 여기서 가장 중요한 점은 발주자가 원하는 결과와 기간을 맞출 수 있는지이다.

이때 필요한 것이 프로젝트 관리 기술이다. 다른 사람에게 싫은 소리는 하기 싫고 업체가 알아서 해주면 좋겠지만, 그래도 해야 한다. 계약 사항대로 진행되지 않는다면 중간중간 쓴소리도 마다하지 않아야 한다. 기간을 맞추지 못하겠다고 하면 최대한 맞추도록 설득하고, 인테리어 결과물이 예상과 다르다면 계약서에 따라 잔금을 지급하지 않을 수 있다는 점도 사전에 확실히 말해두어야 한다.

⚙️── 플랜트 건설에 필수인 프로젝트 관리 기법

플랜트 건설은 수천억에서 조 단위의 비용이 들어가고, 장기간 진행되는 엄청난 규모의 사업이다. 수백에서 수천만 원이 드는 인테리어도 끝날 때까지 관심과 세심한 관리가 필요한데, 플랜트 건설은 수백에서 수천 명의 참여자와 이해관계자, 적잖은 프로젝트 비용, 긴 작업 기간이 필요한 만큼 더욱 전문적인 관리가 필요하다. 그래서 플랜트 건설 사업은 프로젝트 매니지먼트라는 전문 기술을 활용해 진행한다. 프로젝트 참여자들이 일을 잘하는 것도 중요하다. 하지만 프로젝트 매니지먼트야말로 프로젝트를 좀 더 쉽게 수행하고, 정해진 기간과 예산, 인력으로 완수해야 하는 프로젝트에서 가장 빛을 발한다.

성공적인 프로젝트 완수를 위해 프로젝트 매니지먼트는 다양한 프로젝트 관리 기법을 활용한다.

첫째, 간트Gantt 차트는 프로젝트 타임라인을 시각적으로 표현한 것이다. 다양한 작업의 진행 상황을 추적하고 프로젝트 기간에 큰 영향을 줄 수 있는 작업을 알아보는 데 사용된다. 간트 차트를 사용할 때는 작업 상황이 실시간으로 정확하게 표현되고 업데이트되는지 항상 확인한다.

둘째, CPMCritical Path Method 기법은 주 경로법이라고도 한다. 프로젝트를 제시간에 끝내기 위해 완료해야 하는 중요 작업을 알아보는 데 사용된

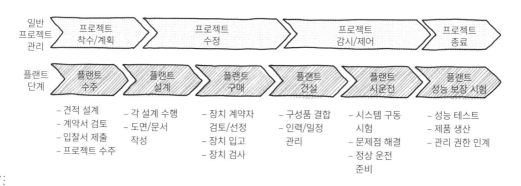

그림35 프로젝트 관리 기법

다. CPM을 사용할 때는 작업이 늦춰지는 것을 방지하기 위해 필요한 모든 작업이 포함되고, 정확한 기간이 예측되는지 확인해야 한다.

셋째, PERT^{Program Evaluation and Review Technique}는 프로그램 평가 및 검토 기법으로, 네트워크 다이어그램을 사용해 작업 간의 관계를 나타내는 통계적 방법이다. 프로젝트를 진행하는 동안 프로젝트의 수행 범위, 인력이나 비용 같은 리소스는 언제든 바뀔 수 있다. 갑자기 장치를 추가함에 따라 작업 범위가 바뀔 수도 있고, 비용을 아끼고자 인력을 줄이는 경우도 있다. 그래서 PERT를 사용할 때는 이러한 불확실한 부분이 프로젝트 일정에 주는 영향을 생각하고 있어야 한다.

넷째, 식스 시그마^{Six sigma}는 프로젝트의 품질을 개선하기 위해 데이터를 기반으로 하는 기법이다. 100만 개의 제품 가운데 서너 개의 불량만 허용할 정도로 품질을 혁신하기 위한 방법을 제시한다. 식스 시그마를 활용할 때는 제품 불량이 생기는 근본 원인을 파악하고, 제품의 품질이 안정적으로 나올 수 있게 해결 방법을 실행하는 데 기준을 둔다. 프로젝트 관리자는 프로젝트가 고객의 기대에 부응하도록 고객의 요구 사항을 명확하게 이해해야 한다.

마지막으로 애자일^{Agile} 프로젝트 관리는 팀 구성원 간의 협업과 커뮤니케이션을 강조하고, 상황에 맞춰 전략을 빨리 바꿀 수 있는 유연한 기법이다. 애자일 프로젝트 관리를 활용할 때는 프로젝트의 목표는 물론이고 각 팀원의 역할과 책임을 명확하게 이해해야 한다. 더불어 프로젝트 계획을 정기적으로 검토, 조정함으로써 변화할 수 있는 프로젝트의 요구 사항과 일치시킨다.

이러한 프로젝트 관리 기법은, 결국 주어진 예산 안에서 요구되는 품질 표준에 따라 제시간에 프로젝트를 성공적으로 완료하기 위해 활용하는 것이다. 계획과 관리가 잘된 프로젝트는 효율성이 증가하고 안전성이 향상되며, 비용 낭비와 지연되는 일정이 줄어든다. 이 모든 것은 궁극적으로 수익성 향상으로 이어진다. 우수한 프로젝트 관리는 플랜트 건설 프로젝트를 효과적으로 수행할 수 있다는 확신을 준다. 다시 말해 발주자, 계약자 등 프로젝트의 이해관계자가 프로젝트 성공에 대한 의지를 가지고 잘 마무리할 수 있도록 만든다.

플랜트 건설 프로젝트에는 앞서 이야기한 CPM, PERT, 애자일 프로젝트 관리와 같은 전문적인 방식을 비롯해 다양한 프로젝트 관리 기술을 사용할 수 있다. 각 방식에는 강점과 약점이 있으니 프로젝트의 요구 사항을 바탕으로 적절한 방법을 선택한다.

이러한 프로젝트 관리 기법을 활용하는 프로젝트 관리자는 그 누구보다 프로젝트의 목표, 이해관계자와 리소스를 명확하게 이해해야 한다. 이와 함께 상세한 프로젝트 계획과 강력한 위험 관리 프로세스를 갖추고, 모든 프로젝트 이해관계자 간의 효과적인 커뮤니케이션 및 협업을 이끌어내는 일도 성공적인 프로젝트 수행의 핵심이다.

18
이윤 창출보다 중요한 플랜트 안전

⚙── 안전을 위해 일상에서 해야 할 것들

일상생활에서의 안전 관리란 사고를 예방하고 개인이 별일없이 잘 살 수 있도록 하는 조치를 말한다. 일상에서 발생하는 안전과 관련된 것으로는 화재, 전기, 건강 등이 있다. 안전과 관련된 위험을 줄이기 위해선 어떤 곳에 위험 요소가 있는지 미리 찾아내고, 사고로 이어지지 않게 관리한다. 더불어 비상 상황이 발생하면 지켜야 할 절차를 만들어놓고, 이에 따른 행동 수칙을 직원들에게 꾸준히 훈련시키고 교육해야 한다. 구체적으로 우리 생활에서 특별히 유의해야 할 안전 관리를 살펴보자.

우선 화재 안전 관리가 있다. 불이 나면 모든 것을 앗아갈 수 있기 때문에 화재는 아무리 강조해도 지나치지 않다. 화재를 방지하기 위해선 가정, 사무실, 기타 공공장소에서 정기적인 소방 훈련을 시행하고, 소화기와 연기감지기가 제대로 작동하는지 점검한다. 무엇보다 화재가 발생할 경우 시행할 명확한 대피 계획을 세우고, 모든 사람이 소화기 사용법과 건물에서 안전하게 대피하는 방법을 교육받는 것이 중요하다.

다음은 전기 안전 관리이다. 가장 많은 화재의 원인이 전기이다. 직장과 가정에서 전기로 화재가 날 수 있는 곳을 미리 살피고 대비한다. 먼지가 쌓인 전기 콘센트에 불이 붙거나 문어발 식으로 멀티탭을 쓰다가 과열되어 화재가 난 사례가 꽤 있다. 마모된 전선, 과부하 회로, 부적절하게 접지된 전기 장비는 화재의 원인이 되므로 자주 점검해 교체하고 수리한다.

가정이나 식당에서 하는 식품 안전 관리도 중요하다. 음식이 상하지 않도록 관리하고, 상했으면 즉시 처리해야 한다. 식품 오염을 방지하고 식품을 매개로 한 질병에 걸릴 위험을 최소화하는 과정을 거치는 것이다. 아울러 적절한 식품 취급 방법과 보관 절차를 지키고 냉장고 온도를 점검하며, 청결과 위생을 위한 식품 준비 구역을 정기적으로 모니터링한다.

안전 문제가 발생하더라도 재빨리 조치하면 그 피해를 최소화할 수 있다. 예를 들어 직장과 가정에서 발생하는 화재에 대비하고 대응하기 위한 소방 훈련이 있다. 좀 더 구체적으로 비상 대응 관리에는 비상 대응 계획 개발, 정기적인 훈련과 교육, 안전 장구나 비상 약품 등 적절한 장비와 공급품을 즉시 사용할 수 있는 환경이 포함된다. 비상 대응 계획은 그 내용이 효과적이고 최신 상태인지 정기적으로 검토해 내용을 업데이트한다.

⚙ ── 플랜트에서 안전을 관리하는 법

플랜트는 이윤을 창출하는 것이 목적이다. 하지만 안전이 보장되지 않으면 인명과 재산에 막대한 피해를 주므로 안전 관리는 모든 것에 앞서는 아주 중요한 사항이다. 플랜트에서 안전 관리의 목적은 운전원, 대중 그리고 환경에 대한 위험을 최소화하는 것이다. 플랜트는 안전을 위해 취해야 할 조치를 규정한 미국의 Occupational Safety and Health Administration, 우리나라의 KOSHA Guide 같은 규정이나 지침을 지켜야 한다.

플랜트에서는 안전을 관리하기 위해 위험 분석 및 위험 평가를 진행한다. 이는 플랜트를 가동하기 전에 발생할 수 있는 잠재적 위험을 알아보고 평가하는 과정이다. 화재나 폭발 같은 물리적 위험과 독성 화학물질에 대한 노출 같은 건강 위험이 모두 들어가며, 분석과 평가에는 다양한 기법이 활용될 수 있다. 여기에는 여러 전문가가 모여서 머리를 맞대고 주어진 플랜트 자료를 분석해 위험을 찾아내는 브레인스토밍 방법이 있다. 컴퓨터 시뮬레이션으로 화재나 폭발이 발생했을 때, 그 피해를 추산하는 위험성 평가도 있다. 어떤 위험성 평가를 하던 개선할 점이 나오게 마련이고, 이를 반영해 잠재적인 위험을 최소화할 수 있다.

이와 함께 언제 발생할지 모르는 비상사태에 대응할 수 있도록 잘 준비된 계획이 있어야 한다. 계획에는 비상사태 지역에서 어떻게 대피하고, 어떻게 비상사태의 확산을 통제할지, 부상이나 피해에 대응하기 위해 취해야 할 행동은 무엇인지 자세히 담는다.

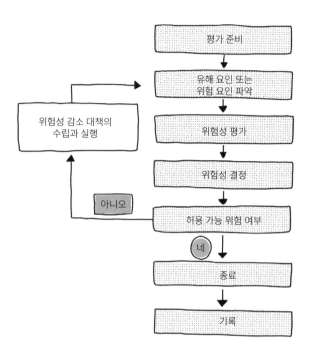

그림36 플랜트에서의 위험 분석과 평가 과정

　비상 대응 계획을 세웠다면 그다음엔 계획 내용을 직원에게 교육한다. 결국 중요한 작업은 사람이 하는 것이다. 운전원이 취급하는 화학물질과 관련된 위험 그리고 위험을 최소화하는 방법을 알리는 적절한 교육이꼭 이루어져야 한다. 개인의 안전을 위한 보호 장비 사용부터 비상 대응절차까지 세세하게 교육한다.

　유지보수와 검사도 안전 관리의 한 부분이다. 장치가 제대로 작동하고 시설이 안전한지 확인해야 하며 위험 물질의 누출, 장치나 구성품의 부식 상태, 기타 잠재적 위험에 대한 정기적인 점검을 진행한다. 특히 누출로 인한 화재나 폭발은 플랜트에서 가장 위험한 상황이 될 수 있어 처음부터 발생하지 않도록 철저히 대비한다.

플랜트 내 안전 관리에 대한 기록을 보관하고, 모든 사항에 대해 문서화도 해두어야 한다. 위험성 평가서 작성, 유지보수와 교육 일지 기록, 혹시라도 사고가 발생했을 때 이에 대한 원인과 재발 방지 방안을 기록한다. 정확한 기록 보관과 문서화는 안전사고를 추적, 관리하고 규정과 표준 준수를 입증하기 위해 반드시 있어야 한다. 꼼꼼하고 성실하게 한 기록은 안전 교육과 안전사고를 예방하는 데에도 활용할 수 있다.

플랜트는 광범위한 유해 화학물질을 취급하기 때문에 적절한 안전 절차가 마련되지 않으면 사고가 일어날 가능성이 크다. 따라서 모든 안전 사항을 아우르는 통합 안전 관리 프로그램을 마련해두되, 화학물질의 취급과 저장부터 비상 대응 계획에 이르기까지 운영의 모든 측면을 다루어야 한다. 뿐만 아니라 직원 교육, 정기적인 안전 검사와 장치 유지관리, 지속적인 위험 평가도 성공적인 안전 관리 프로그램의 필수 구성 요소이다.

19

원활한 제품 생산을 위한 플랜트 운영

🔧——▸ 세탁기, 냉장고, 게임 매뉴얼의 역할

세탁기, 냉장고 같은 가전제품을 구매하면 보증서와 매뉴얼이 함께 들어 있다. 세탁기는 세탁물 종류에 따라 세탁 방법을 바꿀 수 있으며, 온수나 냉수를 선택할 수도 있다. 냉장고는 냉장실과 냉동실 온도를 별도로 제어할 수 있고, 김치 보관 등 갖가지 부가 기능이 있다. 이처럼 제품의 다양한 기능에 대한 설명을 적어놓은 것이 매뉴얼이다. 처음 가전제품을 가동할 때 어떻게 하면 되는지, 문제가 발생하면 어떻게 대응해야 하는지, 각종 버튼이나 세부 장치의 명칭이나 기능이 무엇인지 등도 알려준다. 사용자는 가전제품을 사용하면서 필요할 때마다 매뉴얼을 살펴보면 제품을 더욱 편리하게 사용할 수 있다.

이제는 누구나 휴대전화와 PC로 즐길 수 있는 게임에도 매뉴얼이 있다. 특정 캐릭터를 선택해 성장시켜나가면서 레벨을 높이는 게임, 친구들과 한 공간에서 적군을 물리치는 게임 등 많은 게임이 있다. 사용자는 게임 회사에서 짜놓은 각본대로 제작된 소프트웨어 안에서 각자의 역할을 하면서 목적을 달성하기 위해 노력한다. 게임도 어떻게 운영해야 할지 매뉴얼이 제공되며, 사용자는 이를 통해 게임에서 주어진 임무 등을 달성하면서 즐길 수 있다.

⚙️── 플랜트에도 매뉴얼이 있다

가전제품과 게임처럼 플랜트도 정상 운전이나 비상 조치를 위한 매뉴얼이 제공되고, 이를 기반으로 원활하게 운영된다.

플랜트 운영은 결국 플랜트의 각종 장치를 운영하는 것과 마찬가지이다. 가정에서 쓰는 전자제품 대부분은 갑자기 정전돼도 크게 문제없는 경우가 많지만, 지속 운영되는 플랜트는 장치를 가동하는 순간부터 주의를 기울여야 한다. 플랜트가 정상 작동하는 상황에서 품질이 좋은 제품이나 에너지를 생산하는지, 플랜트 공정에서 에너지를 과도하게 활용하지는 않는지 꾸준히 모니터링한다. 정전이나 화재가 발생해 갑자기 플랜트를 정지해야 할 때도 철저한 대응 방안이 마련되어 있어야 한다. 정해진 매뉴얼에 맞게 플랜트의 장치를 작동시키면 최종 제품의 품질뿐만 아니라 플랜트의 안전과 효율성이 보장된다.

플랜트를 매뉴얼에 따라 잘 운영해서 원활하게 제품을 생산하려면 다음 사항을 염두에 두어야 한다.

첫째, 적절한 공정 제어를 해야 한다. 공정 제어란 원하는 대로 플랜트가 운전될 수 있도록 각종 계기와 밸브 등을 활용해 플랜트 내부에서 이동하는 유체와 장치를 제어하는 것이다. 공정이 안전하고 최적의 조건에서 작동하는지 확인하기 위한 온도, 압력, 유량 그리고 기타 주요 공정에서 나타날지도 모를 변수 모니터링이 갖추어져 있어야 공정 제어를 순조롭게 할 수 있다.

둘째, 훈련과 교육도 중요하다. 플랜트 운전원과 관리자에게 하는 정기적인 훈련과 교육을 통해 플랜트 운영 사고가 발생했을 때 올바르게 대응하는 방법을 알려준다. 이 시간에는 개인 보호 장비 사용뿐만 아니라 정상 운전 절차, 비상 대응 절차, 안전한 작업 관행도 교육해야 한다. 문제는 이러한 훈련과 교육이 정작 교육을 받는 사람에게 흥미를 주지 못하는 경우가 많다는 것이다. 게다가 실제 경험해보는 것이 아니라서 효과적이지도 않다.

이를 보완하기 위해 플랜트에는 고도로 숙련된 엔지니어와 운전원이 투입되어야 한다. 그런데 이들이 다른 회사로 이직하거나 정년 퇴임을 함에 따라 새로운 인력을 충원하게 되면 제대로 훈련시켜야 안심하고 플랜트를 운영할 수 있다. 이때 새로 충원된 직원이 플랜트 장치의 무언가를 잘못 조작하기라도 하면 사고가 발생할 수 있고, 플랜트 가동이 멈춰버려 막대한 손실이 일어날 수도 있다.

이러한 문제점을 최소화해 새 인력을 훈련시키는 방법이 오퍼레이터

훈련 시뮬레이터Operator Training Simulator, OTS이다. OTS는 컴퓨터 화면에 게임처럼 구성한 플랜트의 운영 상황을 띄워놓고 운전원이 이런저런 조치를 해볼 수 있다. 최근에는 VR 안경을 쓰고 가상 환경에서 체험과 훈련을 하는 방법도 있다. 가상 환경이지만 실제 플랜트 공정과 비슷하게 구현해놓았기 때문에 운전원이 실수하면 모의 비상 상황이 발생한다. 이를 보며 운전원은 경각심을 가질 수 있고, 플랜트 운전 절차를 제대로 익힐 수 있다. 플랜트에 영향을 주지 않고 엔지니어나 운전원을 훈련시킬 수 있는 좋은 방법이다.

20

플랜트의 상태를 점검하고 관리하는 플랜트 유지보수

⚙── 차량 정비나 컴퓨터 유지보수를 하는 이유

유지보수란 장비, 설비, 기타 자산을 정기적인 점검, 청소, 수리 등을 통해 양호한 상태로 유지하는 과정을 말한다. 우리가 지금도 일상에서 흔하게 하고 있는 일이다. 정수기 수질을 관리하기 위한 필터 교체, 주기적인 공기청정기 필터 교체, 집안의 청결을 유지하기 위해 하는 청소 등이 유지보수의 예이다.

우리에게 가장 친숙한 유지보수 활동은 차량 정비일 것이다. 윤활유 교환, 타이어 교환, 브레이크 점검 등 정기적인 정비로 자동차의 고장을 예방하고 수명을 연장할 수 있다.

필요할 때마다 하는 주택 유지보수도 있다. 홈통 청소, 물이 새는 수도꼭지 수리, 낡은 가전제품 교체, 배수구 청소 같은 작업이 있다. 이러한 작업은 앞으로 더 복잡하고 비용이 많이 드는 수리를 방지하고, 가정의 환경을 개선해준다.

컴퓨터 유지보수도 우리가 늘 하고 있는 유지보수이다. 소프트웨어를 정기적으로 업데이트하고, 중요한 데이터를 백업하면 컴퓨터 충돌을 방지하고 민감한 정보를 보호할 수 있다.

우리 몸도 건강 관리라는 유지보수가 필요하다. 치아 스케일링, 시력 검사, 신체검사 같은 정기적인 건강검진은 심각한 질병을 예방하고, 문제를 조기에 발견해 빨리 치료하는 데 큰 도움을 준다.

더 큰 규모로는 사회적 인프라 유지보수가 있다. 도로, 교량, 기타 공공 인프라를 유지보수하는 것은 시민의 안전을 보장하고 인프라가 잘 기능할 수 있도록 한다. 이를 위해 정기적으로 점검하고 수리하면 사고를 예방하고, 원활한 교통 흐름을 유지할 수 있다.

이러한 유지보수 활동은 우리가 더욱 안전하고 편리한 생활을 하기 위해 반드시 해야 할 일이다.

⚙️── 플랜트 수명을 좌우하는 유지보수

플랜트에서의 유지보수는 시설을 안전하게 운영하고, 장치의 기능과 수명을 향상시켜 효율적으로 운영하는 것이다. 여기에는 정기적인 장치 검사, 장치의 수리와 교체, 장비와 시스템의 업그레이드가 포함되고, 이를 통해 늘 양호한 작업 상태를 유지한다. 효과적인 유지보수는 사고를 예방하고, 플랜트를 가동하지 못하는 시간을 줄인다. 플랜트 유지보수에는 다음과 같은 것들이 있다.

플랜트 내의 펌프, 밸브 및 배관 시스템을 포함한 장치를 정기 검사한다. 그러면 더 심각한 문제로 이어지기 전에 잠재적인 문제를 알아낼 수 있다. 기술자는 장치에 마모, 누수, 부식의 징후가 있는지 확인하고, 문제가 확인되면 즉시 수리하거나 교체한다.

장비 고장을 방지하기 위해 하는 일상적이고도 예방적인 유지보수가 있다. 주기적으로 장치에 쓰이는 윤활유를 교환하거나 필터를 교체하는 일이 여기에 속한다. 1년에 한 번씩 하는 대규모 유지보수와 더불어 날마다 또는 주기적으로 하는 유지보수는 장비의 수명을 연장시켜주고, 가동 중지 시간을 줄여준다.

공정 안전 관리Process Safety Management, PSM도 유지보수 과정이다. 안전을 위해 도입하는 PSM은 잠재적인 공정 위험의 식별, 평가 및 제어와 관련된 규제 요건이다. 유지보수 면에서 PSM 프로그램에는 잠금/태그아웃 절차와 밀폐 공간 진입 절차가 있다. 잠금/태그아웃 절차는 장치를 정비하거나 청소할 때 다른 사람이 구동하지 못하도록 잠그거나 표시하는 LOTOLock-Out, Tag-Out 작업 절차이다. 밀폐 공간 진입 절차는 밀폐 공간에 진입하기 전에 각종 안전 장비를 착용했는지 확인하고, 공간 내 산소 농도 등을 측정하는 절차를 가리킨다.

플랜트에서 유체가 가장 많이 흐르는 배관 및 밸브 시스템은 유지보수가 아주 중요한 설비이다. 안전한 시스템 작동을 위해 위험 물질이 새어나오진 않는지 테스트하고, 부식된 곳은 없는지 모니터링하며 부품을 정기적으로 수리하거나 교체한다.

　화재 방지 시스템 유지보수도 중요하다. 화재경보기, 스프링클러 시스템, 화재 진압 시스템을 포함한 화재 방지 시스템은 플랜트를 화재 위험으로부터 보호한다. 위험을 방지하는 시스템인 만큼 비상시 시스템이 잘 작동하는 것은 물론이고, 비상사태에 대응할 수 있도록 해야 한다. 이를 위해 화재 방지 시스템이 제대로 작동하는지 일상적으로 점검하고, 고장난 부분은 수리하거나 부품을 교체한다.

플랜트 엔지니어링 분야는 명실공히 우리나라의 경제 성장을 이끈 주력 산업 가운데 하나이다. 또한 우리가 생활에서 쓰는 거의 모든 물건이 플랜트에서 만들어지는 만큼 반드시 필요한 산업이다. 이제 플랜트 엔지니어링은 전통적인 정유나 석유화학 분야를 넘어 더 넓은 분야로 확장되고 있다.

플랜트 엔지니어링은 요즘 중요성이 급격히 높아진 배터리, 반도체, 신재생에너지 분야 등에도 필수적이므로 매우 잠재력이 높다. 특히 전기자동차 시장이 확대되면서 폭발적으로 성장하고 있는 배터리 분야 역시 원료를 활용해 제품으로 생산하는 데 플랜트 엔지니어링 기술을 적용한다. 배터리 생산 제조 플랜트도 다른 플랜트와 같다. 오히려 기존에 활용되던 장치나 시스템 기술이 적절히 활용되어야 제대로 된 품질의 제품을 생산할 수 있다. 그리고 나날이 증가하는 재생에너지나 수소에너지 분야에도 플랜트 엔지니어링 기술이 활용된다. 여기에 더해 인공지능이나 데이터 기술을 접목하는 차세대 스마트 플랜트 기술의 활용도 늘고 있다.

그런데 플랜트 엔지니어링 산업이 최근 들어 전문 인력 부족으로 많은 어려움을 겪고 있다. 경기에 민감하다 보니 주력 산업 전환, 경제 위기 등을 겪을 때마다 인력 조정을 피할 수 없었고, 많은 사람이 정년 퇴임 등으로 은퇴하면서 벌어진 현상이다. 그럼에도 여전히 플랜트 엔지니어링은 유망한 분야다.

플랜트 엔지니어링은 과학이나 공학 전공은 물론이고 경제경영 등 다른 전공과도 관련 있다. 산업의 기반 기술이라서 플랜트의 종류가 달라도 전문성만 가지고 있다면 다양한 플랜트 현장, 더 나아가 연구개발 분야에서도 활약할 수 있다. 예를 들어 석유와 가스 생산 플랜트, 반도체 플랜트는 전혀 다른 목적과 기능을 하는 플랜트지만, 플랜트 엔지니어링이라는 기반 기술이 필요하다. 연구개발 분야 또한 작은 기술을 키워서 결국 대형 플랜트에 적용해 상업화해야 하므로 플랜트 엔지니어링 전문가가 필요하다. 따라서 전문 역량만 갖춘다면, 인력이 부족한 상황에서 오히려 더 좋은 대우를 받고 성장할 수 있는 기회를 잡을 수 있다. 더욱이 플랜트는 해외 수주가 많아서 글로벌 산업이라는 말이 잘 어울리는 분야이다. 외국어 실력까지 겸비한다면 세계를 무대로 자신의 역량을 펼쳐 보일 수 있다.

마지막으로 이번 신간을 집필하는 데 동기 부여를 해주신 카이스트의 윤태성 교수님, 김미리 교수님께 감사 인사를 드리고 싶다. 플랜트 엔지니어링 시리즈가 계속 발간될 수 있도록 아낌없이 지원해주신 플루토의 박남주 대표님과 박지연 편집장님에게도 감사드린다. 늘 헌신적인 지원과 격려를 해주는 가족과 아내, 그리고 항상 응원하고 조언해주는 동료, 친구, 독자들에게도 고마움을 전한다.

우리는 이미 플랜트 엔지니어링을 알고 있다

24시간 만지고 쓰는 물건에 담긴 공학 원리의 모든 것

1판 1쇄 발행 | 2023년 11월 2일
1판 2쇄 발행 | 2024년 9월 12일

지은이 | 박정호

펴낸이 | 박남주
편집자 | 박지연
디자인 | 남희정
펴낸곳 | 플루토

출판등록 | 2014년 9월 11일 제2014-61호
주소 | 07803 서울특별시 강서구 마곡동 797 에이스타워마곡 1204호
전화 | 070-4234-5134
팩스 | 0303-3441-5134
전자우편 | theplutobooker@gmail.com

ISBN 979-11-88569-52-6 03500

• 이 시리즈는 해동과학문화재단의 지원을 받아 NAEK 한국공학한림원과
  플루토가 발간합니다.